COUP D'ŒIL

SUR LES MINES.

Cet ouvrage sur les Mines se trouve inséré dans le tome XXXI du *Dictionnaire des Sciences naturelles*.

La publication du *Dictionnaire* se continue avec activité, et cet ouvrage, qui est exécuté avec le plus grand soin, se compose jusqu'à présent de 31 volumes de texte et autant de cahiers de planches.

LE NORMANT FILS, IMPRIMEUR DU ROI,
RUE DE SEINE, N° 8, F. S. G.

COUP D'ŒIL

SUR LES MINES.

PAR L. ÉLIE DE BEAUMONT,

INGÉNIEUR DES MINES.

AVEC DEUX PLANCHES.

PARIS,

F. G. LEVRAULT, LIBRAIRE,
ÉDITEUR DU DICTIONNAIRE DES SCIENCES NATURELLES,
RUE DES FOSSÉS-MONSIEUR-LE-PRINCE, N° 31.
1824.

COUP D'ŒIL

SUR LES MINES.

ON appelle MINES *toutes les excavations qu'on creuse dans le sein de la terre pour en retirer des substances utiles*, en exceptant toutefois celles dont l'objet est d'extraire des terres, des sables et des substances pierreuses d'une valeur intrinsèque peu considérable, auxquelles on a donné de tous temps le nom de *Carrières*.

Sans s'écarter des notions utiles pour l'étude des *Sciences Naturelles*, on peut considérer les *Mines* sous les rapports *Technique*, *Statistique* et *Scientifique*. Tels seront les sujets des trois parties qui composeront cet ouvrage.

La *Partie Technique* fera connoître succinctement *Les Moyens de pénétrer dans l'intérieur de la Terre*, et les travaux qu'exigent *La Recherche des Gîtes de Minerais*, *l'Ouverture*, *l'Exploitation*, *l'Etayage et l'Airage des Mines*, *l'Epuisement des eaux et le Transport au jour des Matières extraites*; elle se terminera par *quelques Détails accessoires*.

La *Partie Statistique* indiquera les *Noms*, les *Positions* et les *Particularités les plus remarquables* des principales exploitations de Mines.

Enfin, dans la troisième partie, consacrée au *Point de Vue Scientifique*, on considérera les *Mines* sous le rapport des ressources qu'elles offrent au Minéralogiste, au Géologue et au Physicien.

PARTIE TECHNIQUE.

MOYENS DE PÉNÉTRER DANS L'INTÉRIEUR DE LA TERRE.

Pour pénétrer dans l'intérieur de la terre, et pour en arracher les substances qui font l'objet de ses travaux, le mineur a à sa disposition différens moyens qui peuvent se diviser en trois classes : *l'Emploi des Outils*, *celui de la Poudre* et *celui du Feu*.

Le mineur fait usage de presque tous les outils employés dans les travaux de Terrassement: de la *Pelle* et de la *Pioche* dans les masses molles et ébouleuses ; du *Pic* et de *Leviers* dans un roc composé de grosses masses qui se détachent facilement par des fissures naturelles ; de *Coins de Bois ou de Fer*, soit dans les cas précédens, soit dans celui où la roche se fend aisément. Mais il a en outre des instrumens qui lui sont propres. Pour dégager les masses détachées ou fissiles que les coins peuvent abattre, il a des pics de formes particulières. Dans un roc solide et compacte, il se sert d'un petit marteau à pointe courte d'un côté, et à tête plate de l'autre, qu'on nomme *Pointerolle*, *m*, fig. 1, pl. 1. Il le tient d'une main, en appuyant sa pointe sur le rocher, tandis que de l'autre il frappe sur sa tête plate avec un maillet de fer *n*, *n'*, qui pèse environ 2 kilogrammes. On donne ordinairement aux *Pointerolles* 1 à 2 décimètres de longueur. En général, plus le rocher est dur, et plus elles doivent être courtes. On pratique, avec cet instrument, des rainures dans le roc, et on détache, avec des coins, les masses de rocher qu'on a cernées par ce moyen. Un seul ouvrier use souvent un grand nombre de pointerolles dans la journée. Au Hartz chaque mineur emporte avec lui au moins une trousse *o*, fig. 1, qui en contient une douzaine. L'emploi de la poudre exige aussi quelques outils particuliers.

La poudre offre le plus puissant des moyens d'excaver : ce moyen est surtout précieux en ce que sa force ne connoit aucune limite, et peut agir partout, même sous l'eau. Son adoption dans les mines, en 1615, y a fait une révolution.

La Poudre s'emploie, dans les mines, de diverses manières et en diverses quantités, suivant les circonstances. Dans tous les cas, le procédé se réduit à creuser un trou, et à y renfermer une cartouche, qu'on fait ensuite éclater. Le trou, qui est toujours cylindrique, se creuse ordinairement au moyen d'un *Fleuret*, qui est une tige de fer terminée par un biseau peu tranchant d, d', pl. 1, fig. 2, quelquefois en pointe, quelquefois aussi en couronne e, fig. 2, c'est-à-dire par deux biseaux en croix. L'ouvrier tient la tige dans la main gauche, et de la droite il frappe dessus avec une masse de fer. Il a soin de faire tourner, à chaque coup, le fleuret d'une petite quantité. On emploie successivement, pour creuser un même trou, plusieurs fleurets, les premiers courts, les derniers plus longs et un peu moins gros. On se sert, pour retirer les débris qui se forment au fond du trou, d'un instrument appelé *Curette*, qui est une cuillère ou un disque de fer attaché à l'extrémité d'une tige de fer mince a, d, fig. 2. Lorsqu'on fait des trous d'une grande dimension, on est obligé d'employer plusieurs hommes : un pour tenir le fleuret, et un ou plusieurs pour manier la masse. Les trous de mine ont rarement moins de $0^m,03$ de diamètre sur $0^m,45$ de profondeur, et plus de $0^m,05$ sur $1,3$.

La poudre s'emploie en cartouches faites le plus souvent en papier. On enfonce, dans le côté de la cartouche, une petite broche cylindrique nommée *Epinglette* c, fig. 2, et on la porte ainsi au fond du trou, qu'on bourre à l'aide d'un bourroir b, fig. 2, avec des pelottes d'argile sèche, ou des pierres tendres grossièrement pulvérisées. On retire alors l'épinglette, qui laisse à sa place un canal par lequel on porte le feu à la charge, ce qui s'exécute au moyen de poudre qu'on y verse, ou dont on remplit des tuyaux de jonc, de paille, de plumes ou de papier qu'on y place.

On met le feu au moyen d'une mèche ou d'un morceau d'amadou, que l'ouvrier allume avant de se retirer.

La solidité que l'*Epinglette* doit présenter malgré son petit diamètre pour pouvoir être retirée quand le trou est bourré, fait qu'on emploie presque toujours des épinglettes de fer dont le choc ou le frottement contre le rocher produisent quelquefois des étincelles, et donnent lieu à de fâcheux accidens. On a essayé, mais presque toujours sans succès, de leur substituer des épinglettes de cuivre. Les ouvriers trouvent qu'elles se tordent, se plient ou se rompent trop aisément, et reviennent, malgré toutes les défenses, aux épinglettes de fer plus dangereuses, mais plus commodes. D'ailleurs, si les épinglettes de cuivre n'ont pas la propriété de faire feu par elles-mêmes, en frottant le rocher, elles peuvent produire des étincelles en faisant frotter des parcelles de rocher les unes contre les autres et peuvent encore de cette manière produire des accidens.

On doit placer chaque trou de mine de telle manière qu'eu égard à la disposition schisteuse du rocher, et aux fissures naturelles qu'il présente, la partie qu'on veut faire sauter se trouve être la moins résistante. Quelquefois on prépare le rocher à se fendre d'une certaine manière au moyen d'une entaille étroite qu'on y creuse avec la *Pointerolle.*

La quantité de poudre doit être proportionnée à la profondeur du trou et à la résistance du rocher, et suffisante seulement pour le fendre. Ce qu'on pourroit mettre de plus ne serviroit qu'à le faire voler en éclats, sans augmenter l'effet utile. Dans les trous de $0^{m},03$ de diamètre, et de $0^{m},45$ de profondeur, on ne met ordinairement que deux onces de poudre.

Il paroît qu'on peut augmenter l'effet de la poudre en ménageant un espace vide au-dessus, au milieu, ou au-dessous de la cartouche. Dans les mines de la Silésie, on est parvenu à diminuer la consommation de poudre, sans diminuer l'effet produit, en y mêlant de la *sciure de bois* dans une certaine proportion. On a aussi proposé de remplir de sable le trou de mine, au lieu de le bourrer, ce qui éviteroit les accidens produits par les épinglettes. Les expériences faites à cet égard ont donné des résultats assez avantageux dans les tirages à grandes charges des carrières, mais moins favorables dans les petits tirages en usage dans les mines.

L'eau n'oppose pas un obstacle insurmontable à l'emploi de la poudre; seulement, lorsqu'on ne peut assécher le trou, elle oblige d'employer une cartouche imperméable à l'eau, munie d'un tube également impénétrable, dans lequel on place l'épinglette.

Après le tirage de chaque coup de mine, on abat avec des coins et des leviers, ou à l'aide de la pointerolle, ce qui a été ébranlé.

Pour peu que le rocher soit un peu dur, l'emploi de la poudre est plus économique et plus rapide que celui des outils, aussi est-il préféré. Telle galerie de deux mètres et demi de haut sur un mètre de large, dont le percement, au moyen de la pointerolle, coûtoit 100 à 200 fr. le mètre courant, ne se paie plus aujourd'hui, lorsqu'on y emploie la poudre, que 40 à 60 fr. Cependant, lorsqu'il s'agit de détacher un minerai précieux, lorsque le rocher est caverneux, ce qui rend l'effet de la poudre presque nul, ou lorsqu'on a lieu de craindre que l'ébranlement causé par l'explosion ne produise des éboulemens nuisibles, on est obligé de s'en tenir aux outils.

Dans certaines roches et dans certains minerais extrêmement durs, l'emploi, soit des outils, soit de la poudre, devient très-lent et très-coûteux. On en voit des exemples dans la masse de quarz mélangée de pyrites cuivreuses qu'on exploite au *Rammelsberg*, dans le *Hartz*, les masses de granite stannifère de *Gayer* et d'*Altenberg* dans l'*Erzgebirge* en Saxe, etc. Dans ces circonstances, heureusement très-rares, on se sert avec avantage de l'action du feu pour diminuer la cohésion des roches ou des minerais. L'emploi de cet agent n'est pas nécessairement restreint à ces cas difficiles. Il étoit très en usage autrefois pour l'exploitation des substances dures; mais l'introduction de la poudre dans les mines, et le renchérissement général des bois, font qu'il n'est plus usité comme moyen ordinaire d'excavation, que dans les lieux où une population peu nombreuse laisse encore aux forêts une grande étendue de terrain . ainsi que cela a lieu à *Kongsberg* en Norwége, à *Dannemora* en Suède , à *Felsobanya* en Transylvanie, etc.

L'action du feu peut être appliquée au percement d'une galerie, ou à l'avancement d'une entaille horizontale , ou à l'abattage d'une masse de minerai, par l'exhaussement successif du toit d'une galerie déjà percée. Dans l'un et l'autre cas , le procédé consiste à former des bûchers dont on dirige la flamme sur les parties qu'on veut attaquer. Il est nécessaire que tous les ouvriers soient hors de la mine pendant et même quelque temps après la combustion. Lorsque les excavations sont assez refroidies pour qu'ils puissent y rentrer, ils abattent avec des leviers et des coins, ou même au moyen de la poudre, les masses fendues et altérées par la flamme.

Pour achever de donner une idée de la manière dont on pénètre dans le sein de la terre, il nous reste à indiquer la forme des excavations qu'on y pratique.

On distingue dans les mines trois espèces principales d'excavations : savoir, les *Puits*, les *Galeries* et les *Cavités plus ou moins vastes qui restent à la place des Gîtes exploités.*

Un *Puits* est un vide *prismatique* ou *cylindrique* dont l'axe est très-incliné à l'horizon ou vertical. La largeur des puits, qui n'est presque jamais au-dessous de $0^m,7$ dans le sens le plus étroit, va souvent à plusieurs mètres. Il en existe de 500 mètres et plus de profondeur. Dès qu'un *Puits* est ouvert, il faut disposer les moyens d'extraire les déblais qu'on fait sans cesse au fond, et les eaux qui peuvent s'y infiltrer, et des moyens de descente pour les ouvriers. Très-souvent un *Treuil* à bras placé au-dessus du puits, et qui sert à mouvoir un ou deux seaux plus ou moins grands, suffit à tous ces objets. Mais quelquefois cette machine devient insuffisante. Nous parlerons plus tard des moyens plus puissans qu'on peut lui substituer, ainsi que des moyens de soutennement qu'on est presque toujours obligé d'employer pour empêcher les parois de s'ébouler.

Une *Galerie* est un vide prismastique dont l'axe droit ou sinueux est en général assez rapproché de la ligne horizontale. On en distingue deux espèces principales, les *Galeries d'alongement* qui suivent la direction d'une couche ou d'un filon, et les *Galeries de traverse* qui coupent cette direction sous un angle plus ou moins rapproché de 90°. Les dimensions les plus ordinaires des galeries sont un mètre de largeur sur deux mètres de hauteur. On en voit de beaucoup plus grandes dans des gîtes de minerai épais. Il y en a peu dont la largeur soit moindre de $0^m,6$, ou la hauteur au-dessous d'un mètre, et on ne donne guère ces petites dimensions qu'à des galeries qui doivent seulement servir momentanément à l'exploitation. Il existe des galeries de plusieurs lieues de longueur. Nous parlerons plus tard des moyens qu'on est presque toujours obligé d'employer pour soutenir le toit et les parois. On emporte les déblais au moyen de brouettes ou de chariots de différentes espèces. Cette opération s'appelle *roulage*. Le tas que les déblais amoncelés forment à l'entrée de la galerie porte le nom de *Halde*.

On ne peut jamais hâter le percement d'un puits ou d'une galerie au-delà d'une certaine limite, parce qu'on ne peut y faire travailler qu'un nombre déterminé d'ouvriers. Il y a des galeries dont le percement a duré plus de trente ans. Le seul moyen d'accélérer le percement d'une galerie, est de commencer en plusieurs points de la ligne qu'elle doit suivre des portions de galeries qui se joignent au moment de leur achèvement. On emploie plus rarement le même moyen pour accélérer le percement d'un puits.

Les cavités que le mineur creuse en enlevant les substances qui font l'objet de ses travaux portent le nom de *Tailles* ou de *Chambres* quand elles se trouvent dans l'intérieur de la terre. Si elles sont ouvertes à la surface du sol, elles s'appellent *Excavations à ciel ouvert*. Leurs formes sont aussi variées que celles des gîtes de minerai.

Soit qu'on emploie les outils ou la poudre pour excaver, on doit faire en sorte, pour rendre le travail plus facile et plus prompt, que la masse que l'on attaque soit dégagée autant que possible par deux ou trois faces. L'effet de la poudre, des coins ou de la pointerolle, est alors beaucoup plus puissant. Plus l'excavation qu'on creuse est grande, plus cette disposition est facile et importante à observer. On dispose dans ce but le travail par *Gradins* placés comme les marches d'un escalier, et on enlève chaque gradin par portions successives, qui toutes, excepté une seule, sont dégagées sur trois faces au moment où on les attaque. Le travail par lequel on arrache de leur gîte des portions successives du minerai ou même de la roche dans lesquels on creuse, porte le nom d'*Abattage*.

RECHERCHE DES GITES DE MINERAI.

Les substances exploitables se trouvent dans le sein de la terre, sous la forme de *Dépôts d'Alluvion*, de *Couches*, de *Veines*, d'*Amas*, de *Petits-Filons* et de *Filons*.

La *Géologie* est la seule science qui nous apprenne quelque chose sur ces dépôts qu'on désigne collectivement sous le nom de *Gîtes de Minerai;* c'est à elle qu'il appartient de guider les mineurs dans leur recherche. Malheureusement elle n'a donné jusqu'ici que des règles négatives qui bornent à certains terrains l'espérance de trouver certains gîtes sans jamais assurer que tel ou tel gîte se trouve dans une étendue déterminée de tel ou tel terrain. Il existe cependant quelques indices qui annoncent avec plus ou moins de probabilité le voisinage de certains gîtes de minerai. (Voyez les articles des divers gîtes, et ceux consacrés aux combustibles fossiles et aux différens métaux.)

Souvent une réunion d'indices fait qu'on soupçonne l'existence d'un gîte de minerai sans en avoir de preuves positives, et il est rare que la première connoissance qu'on en acquiert soit assez complète pour qu'on puisse y commencer de suite des travaux d'exploitation. De là la nécessité de travaux spécialement destinés à rechercher un gîte présumé ou à reconnoître la richesse, la nature et la disposition d'un gîte aperçu. Ces travaux s'appellent *Travaux de Recherche;* on peut les diviser en trois classes : 1.° *Recherches par Tranchée Ouverte;* 2.° *Recherches Souterraines;* 3.° *Recherches par le Sondage.*

Les *Recherches par Tranchée Ouverte* ont pour but de reconnoître l'affleurement des couches et des filons. Elles consistent à ouvrir un fossé plus ou moins large qui, écartant la terre végétale, les dépôts d'alluvion et les parties altérées par l'action de l'atmosphère, mette à découvert les roches vierges, et permette de distinguer les couches qui leur sont interposées et les filons qui les traversent. La tranchée doit toujours être ouverte dans une direction perpendiculaire à celle du gîte à explorer. Ce mode de recherches est peu dispendieux, mais aussi donne peu de lumières. On l'emploie principalement pour s'assurer de l'existence d'une couche ou d'un filon qu'on ne faisoit que soupçonner.

Les *Recherches Souterraines* donnent des connoissances beaucoup plus étendues. Elles s'exécutent à l'aide de diverses espèces de percemens, savoir: de *Galeries d'Alongement* creusées dans la masse des couches ou filons, et suivant leur direction; de *Galeries de Traverse*, dirigées perpendiculairement à la direction des couches ou filons; de *Puits inclinés* suivant la pente des gîtes, et creusés dans leur masse, et de *Puits verticaux.*

Si un filon ou une couche se montre sur le flanc d'une montagne, on l'explore, suivant qu'il coupe la pente sous un angle plus ou moins aigu, au moyen d'une *Galerie d'Alongement* ouverte dans sa masse, à partir de son affleurement, ou d'une galerie de traverse qui va le joindre en un certain point, à partir duquel on ouvre, soit une *Galerie d'Alongement*, soit un *Puits sur la pente*.

S'il s'agit de reconnoître une couche très-inclinée ou un filon dans un terrain plat, on y parviendra, avec une exactitude bien suffisante, au moyen de *puits* de 8 à 10 mètres de profondeur ouverts à 30 mètres les uns des autres et creusés dans la masse et suivant la pente du gîte. Si la couche n'étoit pas très-fortement inclinée, qu'elle le fût de 45°, par exemple, on ouvriroit des puits verticaux du côté de son toit (1), et, à partir des points auxquels ils la rencontreroient, on pousseroit des galeries suivant sa direction.

Comme on ne peut savoir d'avance si les excavations faites pour des recherches seront dans la suite de quelque usage, on ne doit faire, dans leur exécution, que la dépense strictement nécessaire pour leur existence momentanée.

Cette dépense seroit très-grande pour les couches peu inclinées à l'horizon situées à une grande profondeur. Lorsque les roches qui recouvrent ces gîtes ne sont pas d'une très-grande dureté, comme cela a souvent lieu pour les combustibles fossiles, les terres pyriteuses et alumineuses, le sel gemme et autres minéraux des terrains secondaires, on emploie avec succès *le Sondage* pour leur recherche. Ce moyen plus économique, en donne une connoissance à la vérité moins complète, mais encore assez exacte. *Le Sondage* s'applique aussi très-utilement à la recherche des eaux douces et salées.

L'instrument appelé *Sonde* est une espèce de grande tarière, avec laquelle on fait des trous cylindriques qui ont de 0^m,07 à 0,30 de diamètre, et quelquefois jusqu'à 200 mètres et même plus de profondeur. La sonde est décrite avec détail dans l'article consacré à la houille.

______

(1) On appelle Toit d'un gîte de minerai la surface inférieure des roches qui le recouvrent, et Mur du même gîte la surface supérieure de celles sur lesquelles il repose

EXPLOITATION PROPREMENT DITE.

L'exploitation des mines donne naissance à deux espèces de travaux; les *Travaux à Ciel Ouvert* et les *Travaux Souterrains*.

Les *Travaux à Ciel Ouvert* présentent peu de difficultés, et occasionnent peu de dépenses, à moins qu'on ne doive les pousser à une grande profondeur. On les préfère toujours pour l'exploitation des gîtes peu éloignés de la surface; on ne peut même en employer d'autres, lorsque la substance exploitable n'est recouverte que de matières sans solidité. Les seules règles à observer sont de disposer le travail de manière à faciliter l'*Abattage*, c'est-à-dire par *Banquettes* ou *Gradins*; de faire en sorte que le transport des minerais et des déblais à leur destination soit le moins dispendieux possible; enfin, de se précautionner contre l'éboulement des parois. Pour remplir cette dernière condition, on doit, lorsqu'ils ne sont pas parfaitement solides, leur donner un talus convenable, ou les étayer au moyen d'un boisage. L'un et l'autre moyen deviennent ordinairement très-dispendieux, lorsque les travaux sont très-profonds. On a aussi beaucoup à redouter, dans ce mode d'exploitation, l'abondance des eaux, les travaux recevant à la fois celles qui filtrent à travers des parois très-étendues et celles qui tombent du ciel; elles sont d'autant plus incommodes que l'inclinaison des parois oblige souvent à construire des charpentes dispendieuses pour établir les machines d'épuisement.

On exploite à *Ciel Ouvert* les *Terres*, les *Sables*, tant ceux exploités pour eux-mêmes, que ceux qui le sont pour les diamans, l'or ou l'étain oxidé qu'ils renferment, les *Minerais de fer d'alluvion*, la *Tourbe*. Ces exploitations présentent outre des travaux de terrassement sur lesquels nous n'avons rien à ajouter, quelques travaux particuliers à l'exploitation de chaque substance comme les lavages pour les sables aurifères et stannifères, et les minerais de fer. On les trouvera détaillés aux articles consacrés à ces substances.

On exploite aussi de cette manière la plupart des pierres à chaux, à plâtre et à bâtir, et des ardoises, beaucoup de lignites et terres vitrioliques, certaines couches de houille voisines de la surface, des masses de sel gemme, et beaucoup de gîtes de minerais métalliques parmi lesquels nous citerons la masse de minerai de fer de l'île d'Elbe : les masses de granite stannifère de *Gayer*, d'*Altenberg* et de *Seyffen* dans l'*Erzgebirge*, chaîne de montagnes qui sépare la Saxe de la Bohême; les filons puissans ou masses de fer oxidulé de *Nordmarck*, de *Dannemora*, etc. en Suède; la masse de pyrites cuivreuses de *Rœraas*, près Drontheim, en Norwège; beaucoup de mines de fer, de cuivre et d'or des *monts Oural*, etc.

La masse de pyrites cuivreuses de *Falhun* en Suède; la masse de calamine de *Limbourg* en Belgique; quelques systèmes de filons d'argent très-voisins les uns des autres à *Kongsberg* en Norwège, etc., ont été de même exploités à ciel ouvert. Mais, dans ces divers lieux, ce mode de travail est devenu trop dispendieux, lorsqu'on est parvenu à une grande profondeur, à cause de la difficulté d'épuiser les eaux, ou de soutenir les parois, et on a été obligé de travailler par puits et galeries.

On exploite aussi à ciel ouvert, et d'une manière très-remarquable, une mine d'étain située près de *Saint-Austle* en *Cornouailles*, et appelée *Carclaise Mine*. Le gîte de minerai consiste en une grande quantité de petits filons de tourmaline, quarz, etc., avec des grains d'étain oxidé, traversant dans diverses directions un granite dont tout le feldspath est transformé en kaolin, et qui est très-friable. La mine présente une vaste cavité à ciel ouvert, dont les parois ont pris par l'action de l'atmosphère les formes bizarres des ruines gothiques. Les eaux en sortent par une galerie qui part du point le plus bas; les eaux pluviales et de petits courans amenés exprès en coulant sur les parois, entraînent les élémens du granite, déchaussent et font tomber par fragmens les petits filons stannifères; des ouvriers armés de pelles, de pioches, de coins, aident cette action et le lavage qui la suit, et recueillent les fragmens stannifères pour les porter à des bocards placés dans la cavité même, et mus par un courant d'eau qu'on y amène pour cet objet; des caisses allemandes sont placées à côté des bocards, et tout ce qui n'est pas minerai d'étain est entraîné par la galerie d'écoulement.

Les *Travaux Souterrains* sont beaucoup plus variés que les travaux à ciel ouvert, et leur conduite exige des connoissances beaucoup plus étendues.

Ils sont seuls applicables à la plupart des gîtes de minerai.

Les gîtes qu'on exploite de cette manière présentent des formes très-diverses et qui exigent des méthodes très-différentes. On peut à cet égard les diviser en cinq classes, savoir :

1.° Les filons ou couches très-inclinées à l'horizon, ayant au plus deux mètres d'épaisseur.

2.° Les couches peu inclinées ou horizontales dont la puissance ne surpasse pas deux mètres.

3.° Les couches très-épaisses, peu inclinées.

4.° Les filons ou couches très-inclinées, d'une grande épaisseur.

5.° Les masses dont les dimensions sont très-considérables en tous sens. Cette dernière classe comprend les couches d'une épaisseur extrêmement considérable, et les portions de terrain rendues exploitables en entier par le grand nombre de couches, de filons, de veines, ou de petits filons dont elles sont traversées.

On doit rappeler ici que quelques uns des gîtes qui appartiennent aux trois dernières classes, lorsqu'ils s'élèvent jusqu'à peu de distance de la surface, et sont solides ou environnés de roches solides, peuvent au moins pendant long-temps être exploités à ciel ouvert. Les mines citées plus haut présentent des exemples de l'application de cette méthode dont on a souvent abusé.

La plupart des dépôts qui exigent l'emploi de travaux souterrains, et surtout les couches épaisses et peu inclinées à l'horizon, de houille et de sel gemme, etc., s'exploitent plus facilement en procédant de bas en haut, qu'en procédant de haut en bas. Les vides ouverts dans la partie supérieure, en permettant aux eaux d'y circuler librement, augmentent la quantité de celles qu'on rencontre dans les parties inférieures. Si le gîte est trop foiblement incliné pour que les machines d'épuisement puissent y être placées, il faut percer de nouveaux puits pour les établir, à mesure que les travaux d'extraction avancent. Enfin il est beaucoup plus difficile de soutenir au-dessus de soi une masse crevassée et sans solidité, qu'une masse intacte. Il ne s'ensuit cependant pas qu'il faille toujours attaquer un gîte sur le point le plus bas, auquel les travaux puissent jamais être portés. Souvent un gîte peut être divisé en plusieurs étages, dont chacun peut être exploité, sans inconvénient, avant celui qui est au-dessous. C'est ce qui arrive, par exemple, pour un gîte placé à de petites distances de vallées à différens niveaux vers lesquelles on peut ouvrir des galeries pour l'écoulement des eaux à des niveaux de plus en plus bas, mais avec des dépenses et des travaux de plus en plus grands. Il arrive aussi très-souvent que dans un filon vertical, les eaux supérieures ne sont pas assez abondantes pour que l'avantage de commencer par en bas, compense la dépense qui résulte d'une première mise de fonds plus considérable. On commence alors l'exploitation à peu de distance au-dessous de la surface du sol, qu'on doit toujours éviter de bouleverser.

L'exploitation souterraine exige deux classes de travaux bien distinctes : des *Travaux Préparatoires*, et des *Travaux d'Extraction*.

Les *Travaux Préparatoires* consistent en galeries ou en puits et galeries destinés à conduire le mineur au point où il convient d'attaquer le gîte de minerai, à le reconnoître autour de ce point, à y préparer des champs d'exploitation, et à rendre possibles la circulation de l'air, l'écoulement des eaux, et le transport des matières extraites.

La nature des travaux préparatoires varie suivant la forme et la position du gîte à exploiter.

S'il s'agit d'un filon ou d'une couche placés dans une montagne, et dont la direction fasse un angle très-ouvert avec celle de la pente, on commence par y ouvrir, au niveau le plus bas possible, une galerie d'alongement, qui sert à la fois à donner écoulement aux eaux, et à explorer le gîte sur une grande longueur ; puis, pour l'explorer dans l'autre sens, et commencer à préparer l'exploitation, on perce, suivant la pente du gîte, des puits ou galeries qui croisent la première galerie.

Lorsque la direction de la couche ou du filon fait un angle très-aigu avec la direction de la vallée voisine, on ouvre une galerie transversale qui va l'atteindre en un certain point, à partir duquel on pousse une galerie d'alongement et des puits ou galeries sur la pente. Toutes les fois que la couche est peu inclinée, on ouvre un ou plusieurs puits verticaux au-dessus de la première galerie pour faciliter l'airage.

S'il s'agit d'une couche très-inclinée ou d'un filon placés sous une plaine ou un plateau, on creuse deux puits dans la masse et suivant la pente du gîte, et on les réunit, à une certaine profondeur, par une galerie d'alongement. On peut, aux puits inclinés ou à l'un d'eux, substituer des puits verticaux, qui peuvent être ouverts du côté du toit du gîte, et aller le couper à une certaine profondeur, ou du côté de son mur, auquel cas on a à rejoindre le gîte, à une profondeur convenable, par une galerie de traverse. On ne perce les puits du côté du mur, que lorsqu'on craint que le toit du gîte ne vienne à s'ébouler dans la suite. Quant au choix entre les puits verticaux et inclinés, il dépend de beaucoup de considérations et de circonstances locales. Un puits vertical, parvenant à une profondeur donnée par une route plus courte, et étant, toutes choses égales, plus solide, son percement et son boisage sont moins dispendieux. Les puits de cette espèce sont, en outre, plus commodes pour l'épuisement des eaux et l'extraction des minerais.

Un puits incliné a l'avantage de reconnoître le gîte, et de donner lieu à l'extraction d'une certaine quantité de minerai qui paie une partie des dépenses du percement. De plus, il sert à la division en massifs d'exploitation, mais il empêche qu'on puisse jamais toucher, sans compromettre sa solidité, aux portions de ces massifs qui forment ses parois. Un puits incliné est d'ailleurs aussi bon qu'un puits vertical pour la descente des ouvriers et l'airage.

Pour une couche peu inclinée à l'horizon, placée sous une plaine, on commence par percer deux puits verticaux ; mais il n'est pas nécessaire, comme dans le cas précédent, qu'ils soient sur une même ligne parallèle à la direction de la couche ; il est même ordinairement préférable de les faire arriver en deux points d'une même ligne de pente, suivant laquelle on pousse une galerie qui les unit. C'est pour que la circulation de l'air puisse s'établir, qu'on fait toujours deux puits ; l'un des deux, destiné à l'épuisement des eaux, doit atteindre le point le plus bas auquel l'exploitation doive arriver. Si une couche de houille présente des plis ou des failles, on fait souvent en sorte que les puits les traversent, afin de les reconnoître et de pouvoir établir en même temps des travaux aux deux niveaux que présente la couche près de ces points. Si un filon est coupé par des filons croiseurs, on place les puits de manière à suivre, ou au moins à couper, les intersections.

Les premiers travaux préparatoires nécessaires pour l'exploitation souterraine d'une masse très-étendue, rentrent dans ceux dont il vient d'être question. Il est bon d'observer cependant, que pour les masses presque verticales, on doit éviter, autant que possible, de creuser les puits dans leur intérieur. Il vaut mieux les ouvrir du côté de leur mur, et même à une distance un peu considérable, pour les mettre à l'abri des éboulemens.

Les travaux préparatoires que nous avons fait connoître ne

sont pas les seuls nécessaires; il y en a d'autres qui sont encore plus intimement liés avec la forme des gîtes qu'ils doivent faire connoître dans tous leurs détails, et qu'on appelle par cette raison travaux de reconnoissance. Nous allons les faire connoître, ainsi que les travaux d'exploitation, en passant successivement en revue nos cinq classes de gîtes de minerais.

Commençons par les gîtes de la première classe, et occupons-nous, en premier lieu, d'un filon de moins de deux mètres de puissance. Lorsque les premiers travaux préparatoires ont amené les ouvriers au point de ce filon, duquel doivent partir les travaux ultérieurs, et y ont préparé la circulation de l'air, et une issue à l'eau et aux déblais, on s'occupe d'abord de diviser la masse exploitable en massifs parallélipédiques, au moyen de galeries d'alongement pratiquées à 20 ou 25 mètres au-dessous l'une de l'autre, et de puits de communication ouverts à 30, 40 ou 50 mètres de distance les uns des autres, en suivant la pente du filon. Ces galeries et ces puits ont ordinairement la largeur même du filon, à moins qu'il ne soit très-étroit, auquel cas il faut entailler le toit ou le mur. Ces travaux servent à la fois à l'exploitation, en donnant déjà du minerai, et à la reconnoissance complète des allures et de la richesse du filon dont on prépare, de cette manière, une certaine étendue, avant de commencer à enlever les massifs. Il convient de s'avancer d'abord, de cette manière, à la plus grande distance du point central à laquelle on puisse exploiter avec économie, et d'enlever les massifs en revenant vers ce point.

On peut procéder à cette dernière opération par deux méthodes différentes, dont l'une consiste à attaquer le minerai par dessus et l'autre à l'attaquer par dessous. Dans l'un et l'autre cas, on dispose les entailles en gradins semblables au-dessus ou au-dessous d'un escalier. La première méthode s'appelle *Ouvrage en Gradins droits ou descendans*, et la seconde *Ouvrage en Gradins renversés ou montans*.

Quand on veut exploiter un massif X, pl. II, fig. 1, par gradins droits, on construit un échafaud a dans un des petits puits A B qui le terminent, à 1 ou 2 mètres au-dessous de sa face supérieure. Sur cet échafaud se place un mineur, qui enlève un parallélipipède i de 1 à 2 mètres de haut sur 3 ou 4, ou même 6 à 8 de longueur. On construit alors un second échafaud a' à 1 ou 2 mètres au-dessous du premier. Un second mineur s'y place, et travaille comme avoit fait le premier, tandis que celui-ci continue à faire avancer son gradin et enlève le parallélipipède 2. Dès que le second mineur a suffisamment avancé le sien, on fait attaquer la troisième assise par un troisième ouvrier, et ainsi de suite pour la quatrième, la cinquième, etc. Il se forme, par ce travail, une espèce d'escalier à grandes marches, sur lequel un grand nombre de mineurs peuvent attaquer en même temps le filon sans se gêner réciproquement, et les parties qu'ils ont à enlever ayant toujours au moins deux faces libres, en sont plus faciles à détacher, soit avec la poudre, soit avec la pointerolle. Si le filon est large de plus d'un mètre, ou très-dur, on place deux mineurs sur chaque gradin.

Dans la suite de ce travail il y a deux conditions à remplir : 1.° se débarrasser des déblais ; 2.° prévenir l'éboulement des parois du filon, qui n'ont plus de soutien, puisque sa masse est enlevée.

On remplit ces conditions en plaçant derrière les mineurs des échafauds b, b', b'', b''' correspondans à chaque gradin, ou de deux en deux gradins. Ces échafauds étayent les épontes et reçoivent les déblais. On sent qu'il faut leur donner une force considérable pour produire ce double effet.

Pour attaquer un massif Y, fig. 2, pl. II, par *Gradins renversés*, on place un échafaud m dans un des puits PP' qui le limitent, au niveau du plafond de la galerie RR' qui le termine inférieurement. Un mineur, placé sur cet échafaud, enlève, à l'angle de ce massif, un parallélipipède i de 1 à 2 mètres de haut sur 6 à 8 mètres de long. Lorsqu'il s'est ainsi avancé, on place, dans le même puits, sur un nouvel échafaud *m'*, un second mineur, qui attaque le filon au-dessus du plafond de la première entaille, et abat, au-dessus du parallélipipède *i*, un parallélipipède de la même dimension *i'*, tandis que le premier mineur en enlève un *2* en avant de *i*. Lorsque le second mineur est avancé de 6 à 8 mètres, on en place un troisième, toujours dans le même puits. Celui-ci commence le troisième gradin, tandis que les deux premiers mineurs avancent les leurs, et ainsi de suite.

Dans ce mode de travail comme dans le précédent, on a à soutenir les déblais et les parois du filon. Pour le premier objet, on se contente souvent d'un seul plancher *n n n*, construit au-dessus de la galerie inférieure, et assez solide pour porter tous les déblais, et même avec eux tous les mineurs. On peut, dans certains cas, lui substituer une voûte. Quelquefois on construit plusieurs planchers à diverses hauteurs. On soutient les parois du filon au moyen de pièces de bois *k, k, k*, qu'on assujettit entre elles perpendiculairement à leurs plans. Souvent on conserve de distance en distance, au milieu des déblais, de petits puits qui servent à jeter le minerai grossièrement trié dans la galerie inférieure. Quelquefois les déblais forment un talus *fff* assez élevé pour que les mineurs placés dessus puissent travailler commodément. Lorsque l'abondance des parties riches rend les déblais insuffisans pour remplir ce dernier objet, les mineurs se placent sur des planchers mobiles qu'ils font avancer en même temps que leur entaille.

Ces deux sortes d'ouvrages en gradins ont des avantages et des inconvéniens particuliers, et sont préférés suivant les circonstances.

Dans l'ouvrage en *descendant* ou en *gradins droits*, le mineur est placé sur la masse du filon elle-même; il travaille devant lui et commodément; il n'est pas exposé aux éclats qui peuvent se détacher du faîte; mais, dans ce mode de tra vail, il est obligé d'employer beaucoup de bois pour soutenir les déblais, et le bois est engagé pour toujours.

Dans l'ouvrage en *montant* ou en *gradins renversés*, le mineur est réduit à travailler dans l'angle rentrant formé par le toit et la parois antérieure de son entaille, position quelquefois gênante ; mais le poids du minerai conspire avec ses efforts pour le faire tomber. Il emploie moins de bois que dans l'ouvrage en *gradins droits*. Le triage du minerai est plus difficile que dans l'ouvrage en descendant, parce que le minerai riche se confond souvent avec les déblais sur lesquels il tombe.

Quand il existe sur une des parois du filon, ou sur toutes les deux, des lisières de terre grasse ou de débris, elles rendent l'abattage du minerai plus facile, en donnant un moyen de découvrir la masse qu'on veut abattre sur une face de plus.

Lorsque le filon est très-étroit, on est obligé d'enlever une portion de la roche stérile qui le renferme, afin de donner à l'ouvrage une largeur suffisante pour que le mineur puisse y pénétrer. Si, dans ce cas, le filon est très-distinct de la roche, on peut, pour rendre le travail plus prompt et la séparation du minerai plus facile, dégager le filon sur une de ses faces dans une certaine étendue, en attaquant la roche séparément ; cette opération s'appelle *dépouiller le filon*. Lorsqu'il est ainsi dégagé, un coup de poudre suffit pour en détacher une grande masse qui ne se trouve pas mélangée de pierres stériles.

On n'enlève en totalité ou en partie, par les méthodes que nous avons décrites, que ceux des parallélipipèdes qui présentent des indices de richesse suffisans pour faire espérer du bénéfice. Pour les autres, on se contente de suivre les veinules de minerai qui se présentent par des ouvrages dirigés comme elles.

Passons à l'exploitation des couches comprises dans la première classe, c'est-à-dire très-fortement inclinées à l'horizon. Ces couches s'exploitent en général comme les filons : celles de houille seules exigent quelques modifications dans les méthodes. On leur applique l'ouvrage en gradins droits, et l'ouvrage en gradins renversés. Ce dernier est préférable au premier, parce que le mineur, ne marchant alors que sur les déblais, n'est pas exposé à écraser la houille. Comme on cherche à avoir ce combustible en gros quartiers, on fait ordinairement les gradins très-grands, souvent dix mètres de hauteur sur quinze de profondeur, et on place sur chacun d'eux plusieurs mineurs. On pratique alors, à partir du bas de chaque gradin, une galerie de roulage pour transporter la houille au puits d'extraction ou à une galerie principale. Quand on craint le dégagement du gaz hydrogène, on ne donne aux gradins que deux mètres de hauteur sur deux mètres de profondeur, et on se procure assez de déblais pour en former un plan très-voisin des gradins qui force le courant d'air à raser leur surface.

Dans quelques mines du Midi de la France, on exploite des couches de houille presque verticales par de simples galeries d'alongement ouvertes à diverses hauteurs, et entre lesquelles on laisse des massifs plus ou moins épais pour servir de planchers. Ce mode a le double inconvénient de laisser une partie de la houille inexploitée, et de ne présenter jamais celle qu'on exploite à découvert que sur une face, tandis qu'il y a deux faces libres dans les gradins. Quelquefois on prend une partie de la houille laissée en massifs au moyen de puits ou cheminées allant d'une galerie à l'autre.

Venons aux gîtes de la troisième classe, c'est-à-dire aux couches dont l'inclinaison à l'horizon est au-dessous de 45 degrés, et dont l'épaisseur ne surpasse pas deux mètres. Les premiers travaux préparatoires doivent y avoir introduit les ouvriers par une galerie ouverte suivant la direction ou la pente de la couche, rarement suivant une ligne oblique ; à partir de cette galerie, on en ouvre d'autres dans une direction perpendiculaire à la sienne. Si la première suit la direction de la couche, celles-ci suivent son inclinaison, et s'appellent à

Valenciennes, *Descenderies*, quand elles descendent au-dessous de la galerie principale, et *Montées* ou *Vallées* quand elles s'élèvent au-dessus. Si au contraire la première galerie suit l'inclinaison, les dernières s'étendent de part et d'autre suivant la direction. Dans l'un et l'autre cas on recoupe ces galeries par d'autres parallèles à la galerie principale. Si l'inclinaison de la couche est trop grande pour qu'on puisse marcher commodément dans une galerie qui suivroit la ligne de plus grande pente, on dirige la galerie principale seule suivant sa direction, et on fait suivre des lignes obliques aux deux systèmes de galeries préparatoires. La distance mutuelle et les dimensions de ces galeries sont très-variables : elles sont principalement destinées à reconnoître la couche, la mettre à sec, y faire circuler l'air, la diviser en massifs, et permettre d'attaquer ces massifs par les points et dans l'ordre les plus convenables. La largeur qu'on donne aux massifs dépend du nombre d'ouvriers qu'on veut faire travailler de front; leur longueur, qui peut être très-grande, et qui est ordinairement dans le sens de la direction, est réglée d'après la commodité du transport de la houille et les besoins de l'airage. Lorsqu'on exploite en s'éloignant du point central, on ne fait souvent que très-peu de galeries préparatoires, et on leur donne très-peu d'étendue; mais alors on est obligé d'en établir dans les espaces excavés au moyen de déblais et d'un boisage solide, pour le roulage et l'airage. On leur donne le plus souvent les directions qui viennent d'être indiquées; mais quelquefois on en fait aussi d'obliques appelées à *Valenciennes Demi-Vallées*, qui servent à conduire la houille par un chemin plus court et moins incliné de la taille à la galerie principale et au bas du puits d'extraction.

Lorsque la couche exploitée fait un angle un peu considérable avec l'horizon ; lorsque, par exemple, cet angle surpasse 25°, on fait encore des galeries d'une autre espèce. Ce sont des galeries de traverse qui du puits d'extraction vont joindre la couche à différens niveaux : elles servent à amener la houille de ces divers niveaux à des chambres pratiquées sur les côtés du puits, et appelées *Places d'Assemblage* ou *d'Accrochage*. Là on la charge dans les *Tonnes* ou *Paniers* sans être obligé de la descendre pour cela jusqu'au bas du puits. On ouvre ces galeries de traverse à des niveaux tels qu'entre deux traverses successives se trouve un massif d'exploitation. On donne aux massifs une direction parallèle à celle de la couche, et très-souvent on les exploite en s'éloignant du puits, sans les avoir divisés par des galeries préparatoires.

Lorsque, soit en perçant les travaux préparatoires, soit en exploitant, on rencontre des *Failles* qui ont fait subir des dérangemens à la couche, il faut rechercher la partie de cette couche qui est au-delà de la *Faille*, d'après les règles connues. Cette recherche s'exécute au moyen de galeries.

La manière d'enlever le minerai contenu dans le champ d'exploitation préparé, varie suivant diverses circonstances, dont les plus influentes sont la solidité du toit, la solidité et l'épaisseur de la couche, et la quantité de gaz délétères qu'elle dégage. Dans les couches métallifères, et dans les couches de houille où le gaz hydrogène est peu abondant, on dispose le travail par gradins : on se fera une idée de cette disposition en supposant qu'on incline de manière à la rendre presque horizontale une couche exploitée par gradins renversés.

Dans les mines de houille on donne aux gradins de deux à dix ou même quinze mètres de front sur un à deux ou huit à dix mètres d'enfoncement. Le plus souvent le front des gradins est parallèle à la ligne de plus grande pente de la couche, et ils marchent parallèlement à sa direction. Quelquefois on adopte une disposition inverse. D'autres fois, et particulièrement lorsqu'un dégagement considérable d'hydrogène rend nécessaire un airage très-vif, au lieu de plusieurs gradins, on ne forme qu'une seule taille à laquelle tous les ouvriers travaillent de concert, enfonçant des coins simultanément de manière à abattre la houille à la fois sur toute cette longueur. On voit de ces tailles qui ont jusqu'à cinquante et même jusqu'à quatre cents mètres de longueur. On y emploie autant d'ouvriers que la taille a de fois deux mètres de long.

Lorsque la couche est fortement inclinée, comme cela a souvent lieu à *Mons*, ce qui fait que les ouvriers placés sur une ligne de plus grande pente seroient dans une position incommode, on place le front de la taille obliquement.

Quelquefois aussi on est déterminé à donner à la taille cette direction par les fissures naturelles qui existent dans la houille suivant une direction à peu près constante, et dont on veut profiter dans l'exploitation. L'exploitation, par une seule taille droite, a l'inconvénient que la houille ne se présente à découvert que sur une face.

Quelque soit celui de ces trois modes qu'on emploie pour enlever les massifs de houille, on est obligé de s'occuper d'étayer le toit en arrière de la taille, au moyen d'un boisage ou de remblais, ce qui présente beaucoup de difficultés quand le toit est très-peu solide. Voici une méthode qui évite une partie de ces difficultés, et des dépenses qu'elles occasionnent. Deux galeries parallèles plus ou moins larges sont poussées dans la couche exploitée jusqu'aux limites du champ d'exploitation. A l'extrémité de l'une d'elles, on ouvre une galerie de traverse qu'on pousse perpendiculairement à la première jusqu'à la rencontre de la seconde, et que l'on boise solidement à mesure. Le percement achevé, on enlève, en se retirant, tout le boisage, à l'exception des étançons qui bordent le massif laissé entre les deux galeries d'alongement. Dans ce massif on ouvre une nouvelle galerie à côté de celle qu'on vient d'abandonner; et après l'avoir achevée, on l'abandonne à son tour de la même manière. En continuant ainsi, on enlève tout le massif. Cette méthode ne peut s'appliquer que quand l'airage est très-facile, on voit qu'elle a le grand avantage d'enlever toute la matière exploitable sans laisser de boisage dans la terre. Elle est employée dans plusieurs mines de houille de *Silésie* et dans les mines de lignite, de *Bouxweiler* (département du Bas-Rhin).

Ordinairement, lorsque la couche est assez épaisse et assez peu mélangée pour fournir peu de déblais, que le toit est difficile à soutenir, et qu'on veut exploiter à de grandes distances des puits sans employer beaucoup d'étais, on travaille par *Chambres*. On donne ce nom à des tailles droites de dix à vingt mètres de largeur, qui avancent dans la houille sans qu'on ait fait de galeries préparatoires, soit suivant la direction de la couche, soit suivant son inclinaison, soit enfin suivant une ligne oblique. On laisse entre les chambres de longs massifs de houille dont la largeur est ordinairement de dix mètres. Cette largeur varie ainsi que celle des chambres elles-mêmes avec la solidité du toit et de la couche. Ordinairement des galeries obliques descendent de chaque chambre à la galerie principale. En avançant dans chaque taille, on remblaie et on boise derrière soi. Quand on veut abandonner une partie des travaux, on extrait les longs massifs en totalité ou en partie, en revenant du fond de l'exploitation vers le puits ou la galerie d'extraction. On peut appliquer à cette dernière opération le mode de travail que nous venons d'indiquer dans le paragraphe précédent.

La méthode d'exploitation par chambres est employée avantageusement quand on craint le voisinage de quelque amas d'eau, qu'on peut alors arrêter au moyen d'une digue placée entre deux massifs. Dans ce cas, il faut faire précéder la taille par des trous de sonde, que l'on perce perpendiculairement à son front et obliquement à ses deux angles, et que l'on avance continuellement de manière à ce que leur extrémité soit toujours de 20 à 30 mètres en avant. Lorsque la sonde rencontre des réservoirs d'eau, on les laisse s'écouler par le trou qu'elle a fait, ou, si l'on juge qu'ils sont trop abondans, on rebouche le trou avec soin; on construit une digue solide derrière le front de la taille, et on reporte l'exploitation d'un autre côté. Cette précaution est particulièrement en

usage dans le pays de Liége, où les couches de houille sont
criblées de vieux ouvrages dont on n'a conservé aucun plan.

Quelquefois on n'enlève de houille que celle qui se trouvoit
à la place des deux systèmes de galeries dont nous avons
parlé en premier lieu. Dans ce cas, on leur donne toute la
largeur qu'elles peuvent avoir sans que leur plafond s'éboule ;
on laisse, pour former celui-ci, une portion de la couche de
houille quand le toit de la couche est ébouleux. Les massifs
qui séparent les galeries restent dans la terre comme moyen
de soutennement, et on ne leur laisse que les dimensions nécessaires pour qu'ils remplissent leur objet. Ce mode d'exploitation, qui est un des plus simples, s'appelle exploitation *par
Piliers*, ou *en Echiquier*. Il est désavantageux à plusieurs égards,
et surtout parce que les massifs laissés au milieu des déblais et
des éboulemens sont perdus.

En arrachant la houille de son gîte, on cherche toujours
à l'obtenir en gros morceaux, parce que la menue houille a
une valeur beaucoup moindre. Pour y parvenir sûrement,
on attaque la couche par grands parallélipipèdes, qu'on dégage
sur plusieurs faces, et qu'on abat ensuite tout d'une pièce.
A cet effet, on creuse avec le pic une rainure ou entaille
étroite parallèle à la stratification, à laquelle on donne,
selon les circonstances, depuis 3 ou 4 centimètres jusqu'à
$0^m,2$ de hauteur, et qu'on poursuit aussi loin qu'on peut,
quelquefois jusqu'à $0^m,60$ ou $0^m,80$. Cette opération porte le
nom de *Havage*. On creuse ordinairement la rainure au mur
de la couche, en profitant du lit d'argile schisteuse tendre sur
laquelle la houille repose souvent. D'autres fois, on la creuse,
à une certaine hauteur, sur un des lits de schiste bitumi-
neux qui fréquemment divisent la houille. Lorsque cela est
nécessaire pour l'empêcher de tomber par parties, on soutient le bloc de houille au-dessus de l'entaille, au moyen de
petits étais de bois. On dégage les deux extrémités du parallélipipède par des rainures verticales, à moins que des fissures

naturelles n'y suppléent, ou qu'il ne se termine à des galeries : alors on enlève les pièces de bois qui le soutiennent, et quelquefois il tombe par son propre poids ; mais plus souvent il faut enfoncer des coins entre la houille et le schiste du toit. Quelquefois on est obligé de faire au toit une seconde entaille pour faciliter cette séparation. Quand l'entaille n'a pas été faite au mur, on peut ordinairement soulever la houille laissée au bas avec des leviers de fer ; quelquefois il faut aussi des coins. Plus la houille offre de résistance, plus les parallélipipèdes qu'on peut abattre à la fois sont petits. Lorsqu'on n'a rien à craindre du gaz hydrogène, on peut suppléer, par l'usage de la poudre, à celui des coins. Dans le transport de la houille, on évite avec soin tout ce qui peut la briser ou la salir.

Quand les couches sont extrêmement minces, et qu'on peut cependant les exploiter avec avantage, on perce les galeries de roulage en entaillant les couches du toit, pour leur donner la hauteur nécessaire ; mais on ne donne aux tailles qu'une hauteur suffisante pour qu'un homme puisse s'y tenir, et s'y trainer couché sur le côté. C'est dans cette position que le mineur entaille et arrache le minerai en commençant par déchausser en dessous la couche exploitable, et que des enfans amènent le minerai extrait jusqu'aux galeries, dans des espèces de traîneaux attachés à l'un de leurs pieds. Ce mode pénible se nomme *Travail à Col Tordu* (*Krummhals Arbeit*) ; il est extrêmement fatigant pour le mineur qui travaille presque nu. On soutient de distance en distance le toit de la couche avec des billots de bois, ou bien on remblaye l'espace excavé. Cette méthode est employée dans les mines de houille de *Hahlcreuzer*, aux environs de Meisenheim, pays de Deux-Ponts, pour exploiter des couches qui n'ont pas plus d'un à deux décimètres de puissance. On l'emploie également à la mine de houille de *Saint-Hippolyte*, dans le département du Haut-Rhin. On exploite aussi de cette manière quelques couches des mines de cuivre du *Mansfeld*, et la marne plombifère de *Tarnowitz*, en Silésie.

Si on éprouve de grandes difficultés pour exploiter, sans rien enlever d'inutile, une couche très-mince, on en rencontre souvent de plus grandes encore dans l'exploitation des couches très-épaisses qui constituent notre troisième classe, et il est très-rare qu'on les enlève en entier. Telles sont, par exemple, les couches de houille dont la puissance surpasse 2 ou 3 mètres ; on est obligé de les diviser en plusieurs étages, dont la puissance ne surpasse pas 2 mètres, et qu'on exploite successivement. On pourroit enlever complètement ces différens étages, en commençant par l'inférieur, au moyen d'un remblai complet, c'est-à-dire en remplissant exactement, avec des déblais, l'espace que l'exploitation laisse vide ; mais le plus souvent ce mode d'exploitation ne peut être employé, parce qu'il est trop dispendieux. Certaines couches de houille épaisses de trois à quatre mètres, et dont le toit est solide, peuvent être exploitées en deux étages, en commençant par le supérieur qu'on enlève avec assez de régularité pour que le toit descende sur l'inférieur sans beaucoup se fracturer. Mais on exploite ordinairement ces couches épaisses par piliers. On pratique, dans la partie inférieure de la couche, des galeries à angle droit, auxquelles on ne donne que la largeur que leur toit peut supporter sans se rompre, et entre lesquelles on laisse des piliers rectangulaires d'une grosseur suffisante. Si le minerai est très-peu solide, on ne fait qu'un seul système de galeries parallèles, et on ne recoupe pas les massifs longitudinaux qui les séparent. Dans l'un et l'autre cas, on remplit les galeries de déblais destinés à empêcher le minerai de s'ébouler petit à petit, et à porter les ouvriers quand ils viendront exploiter ce qu'on a laissé en dessus. Lorsqu'on s'est étendu de cette manière dans une portion considérable de la couche, on y pratique un second étage de travaux, en ouvrant de nouvelles galeries au toit des premières, et leur donnant exactement la même largeur, de manière à ce que les piliers du second étage soient exactement la prolongation de ceux du premier. On continue ainsi jusqu'à ce qu'on soit arrivé au toit de la couche exploitée. C'est ainsi qu'on exploite la couche principale du bassin houiller de *Dudley*, en Angleterre, qui a 10 mètres d'épaisseur, avec cette différence, qu'il n'y a pas assez de débris pour remplir les galeries inférieures jusqu'au niveau de la houille qu'on abat, ce qui est incommode pour les ouvriers, mais aussi leur permet de travailler par-dessous à dégager, sur le côté, la masse de houille qu'ils veulent abattre. On divise la couche en cinq étages, dont la séparation est marquée par des lits d'argile schisteuse ou des fissures horizontales naturelles.

Lorsque les déblais sont abondans et bien tassés, on peut quelquefois retourner au milieu d'eux exploiter les piliers qu'on avoit laissés. Quand on veut faire cette opération, il vaut mieux ne faire d'abord qu'un seul système de galeries parallèles, séparées par des massifs aussi larges qu'elles-mêmes, qu'on exploite ensuite par un second système de galeries pareilles aux premières.

Les filons très-puissans et les couches très-inclinées à l'horizon, d'une grande épaisseur, présentent des difficultés encore plus grandes. On ne peut les exploiter par piliers, qui, devant, dans ce cas, faire un très-grand angle avec la verticale, ou acquérir une grande hauteur, ne pourroient se soutenir. La seule méthode que l'art puisse prescrire dans les cas ordinaires pour exploiter ces sortes de gîtes, est celle connue sous le nom d'ouvrage en travers, qui consiste à enlever toute la masse en commençant par le bas.

Supposons qu'il s'agisse d'exploiter une couche de dix-huit à vingt mètres de puissance, et presque verticale. On va joindre le mur de la couche au point le plus bas auquel on veuille pousser actuellement l'exploitation au moyen d'une galerie ou d'un puits ouvert du côté du mur, et d'une galerie de traverse. Arrivé sur le mur, on conduit dans la couche même une galerie d'alongement qu'on pousse de part et d'autre à la plus grande distance que les travaux puissent atteindre. Arrivé à quelque distance du point où on l'a commencée, ou ouvre dans le minerai une traverse qu'on pousse jusqu'au toit, en la boisant s'il est nécessaire; tout le minerai produit par le percement de cette galerie étant enlevé, on ôte le boisage à l'exception des soles des cadres qui restent pour servir à soutenir le toit lorsqu'on exploitera la masse laissée en dessous, et on la comble entièrement avec les déblais de la mine, ou avec d'autres qu'on y introduit; on ouvre ensuite une nouvelle traverse à côté de la première. On la conduit jusqu'au toit, et on s'y conduit comme dans la première, et ainsi de suite. Pendant que cela s'exécute, la galerie d'alongement continue à avancer, et on peut, à une certaine distance de la première traverse, en ouvrir une seconde, puis une troisième plus loin, et agir dans chacune comme dans la première. On enlève ainsi une couche ou tranche de minerai d'un mètre et demi à deux mètres d'épaisseur, laquelle se trouve remplacée par des déblais qui supportent les masses supérieures et latérales, et qui s'appuient sur la masse inférieure non encore exploitée. Mais avant que cette opération soit terminée, on s'occupe déjà d'enlever une autre tranche au-dessus de la précédente : pour cela on ouvre une nouvelle galerie d'alongement sur le mur au-dessus de la première, dont le plafond sert de plancher à celle-ci. On fait partir de cette galerie des traverses disposées comme celles que nous venons de décrire, mais seulement au-dessus des parties déjà exploitées à l'étage inférieur, et on les remplit de même de déblais sans laisser de bois. Dès que l'exploitation de la seconde tranche est un peu avancée, on commence celle de la troisième, et ainsi de suite. Les diverses galeries d'alongement s'avancent l'une au-dessus de l'autre comme les étages successifs d'un ouvrage en gradins renversés, et les travaux par galeries transversales se suivent à peu près dans le même ordre. Ordinairement on n'exploite que dix étages au moyen de la première galerie de traverse, après quoi on en ouvre une autre au niveau du onzième étage afin d'éviter l'inconvénient de descendre le minerai pour le remonter ensuite. Si l'exploitation ne produit pas assez de remblais, on pousse dans les roches stériles une galerie suffisamment longue, à l'extrémité de laquelle on pratique une excavation en forme de cloche dans laquelle on s'en procure par éboulement. On extrait ainsi tout le minerai de la couche sans en laisser pour étais. Cependant quand le minerai est très-peu solide, on croit devoir ménager de distance en distance des massifs puissans de toute l'épaisseur de la couche, qui montent perpendiculairement depuis le fond. Ces massifs sont maintenus par les déblais qu'on entasse entre eux ; et quand les déblais ont été affermis par le temps, on peut enlever le minerai qu'on avoit laissé et le remplacer par des pierres stériles.

Lorsque le minerai est ébouleux, et que ses parois sont solides, on peut avoir recours à un mode d'exploitation plus simple et plus économique, c'est celui qu'on emploie dans le *pays de Liége* pour exploiter une couche de *schiste alumineux* très-puissante et fortement inclinée. L'exploitation se dispose à peu près comme pour l'ouvrage en travers ; on divise la masse en plusieurs étages qu'on exploite successivement, mais en commençant nécessairement par le plus élevé. On arrive au mur de la couche au bas de l'étage à exploiter au moyen d'une galerie, ou d'un puits et d'une galerie ; on pousse une galerie d'alongement sur le mur à cent ou cent cinquante mètres de chaque côté de ce point. A l'une des entrées de la galerie d'alongement, on ouvre une traverse qu'on pousse jusqu'au toit, en la boisant avec soin. Lorsqu'elle est achevée, on enlève successivement tous les étais, et on recueille à mesure le minerai qui s'éboule. On ouvre ensuite une seconde traverse à une petite distance de la première, et on y opère de même. On répète cette opération tout le long de la galerie d'alongement. L'éboulement se communique ordinairement jusqu'à quatre mètres au-dessus du plafond des traverses, ou six mètres au-dessus de leur sol, de sorte qu'on enlève en grande partie une tranche de minerai de six mètres de hauteur. Ayant ainsi terminé un étage, on ouvre une seconde galerie d'alongement à six mètres au-dessous de la première, et on y répète la même série d'opérations. Il arrive dans le pays de Liége que les éboulemens se communiquent jusqu'à la surface du sol, que le toit et le mur se rapprochent en comprimant les portions de minerai qui n'ont pas été recueillies, et qu'elles en forment une couche plus mince qui, se consolidant avec le temps, peut être exploitée de nouveau au bout de trente ou quarante ans.

Il nous reste à parler de l'exploitation des mines en masse, qui est une des applications les plus difficiles de l'art des mines. A moins que l'exploitation à ciel ouvert ne soit possible pendant un temps très-long, et pour ainsi dire indéfini, l'art ne peut reconnoître que trois manières d'y procéder; savoir : *l'Ouvrage en Travers* dont l'emploi fréquent pour les amas entrelacés leur a fait donner le nom de *stock-werck*, qui signifie ouvrage par étages; *l'Ouvrage par Piliers montans*, *avec ou sans Remblais*, et *l'Ouvrage par Eboulement*. Ce dernier est employé en Saxe pour tirer parti des débris de la catastrophe qui a englouti une partie de la mine en masse d'*Altenberg*, par suite de travaux imprudens.

L'ouvrage par piliers montans sans remblais s'emploie avec grand avantage pour les substances très-solides et très-abondantes, telles que les pierres de tailles, le gypse, le sel gemme. Le toit se soutient de lui-même sans étais ni remblais, seulement on a quelquefois l'attention de le tailler en forme de voûte. Plusieurs mines de sel gemme sont remarquables par la distance et la hauteur des piliers : il en résulte des excavations de cent mètres et plus de long et de large, et d'une hauteur très-considérable, qui ont plus d'une fois excité l'admiration des voyageurs. On cite particulièrement sous ce rapport celles de *Vieliczka* et de *Bochnia* en Galicie, et du *Cheshire* en Angleterre.

La grande abondance des minerais en masse fait que le plus souvent on n'attache aucune importance à leur extraction complète et à leur conservation , et qu'on y pratique sans aucune règle des travaux irréguliers qui , pour enlever une foible portion de la masse, l'ébranlent tout entière , et finissent le plus souvent par être d'un accès très-dangereux. Aux mines de houille *du Creusot*, il existe une couche très-inclinée de ce combustible d'une épaisseur tellement grande qu'on peut la considérer comme une masse. On l'exploite par étages en allant de haut en bas. Chaque étage de travaux se compose de galeries longitudinales et transversales, ayant deux mètres de haut, deux mètres trois quarts de large, et séparées par des piliers de trois mètres. Entre deux étages successifs, on laisse un massif de cinq mètres , on n'enlève pas de cette manière un cinquième de la houille. Les piliers des divers étages ne correspondent pas exactement les uns aux autres ; il se produit des porte-à-faux qui amènent des éboulemens et des bouleversemens , lesquels donnent souvent lieu à l'inflammation spontanée de la houille. La même méthode est employée à la mine de calamine de la grande montagne près d'Aix-la-Chapelle.

Quand la masse de minerai est très-solide, on y creuse souvent de grandes excavations ou chambres dans les parties les plus riches, et on agrandit ces excavations autant qu'il est possible. Ainsi, par exemple, en Hongrie et en Transylvanie , on exploite le sel gemme au moyen d'une seule chambre conique, ou en forme de cloche , qu'on creuse au bas d'un puits vertical, et qu'on agrandit tant qu'on n'a pas d'éboulement à craindre. Les ouvriers y descendent par des échelles qui pendent sans appui dans le milieu. Enfin dans beaucoup de gîtes en masse , on pousse presque au hasard des travaux irréguliers. Les mines de fer spathique des Pyrénées, des Alpes et de plusieurs autres pays, sans être en très-grandes masses, en présentent de fàcheux exemples.

Les minerais de fer d'alluvion rentrent quelquefois, à cause de la puissance du dépôt, dans le cas des mines en masses. Alors, au lieu de les exploiter à ciel ouvert, on se borne souvent à suivre, au moyen de travaux souterrains, les parties les plus riches. Le peu de valeur du minerai fait qu'on ne peut engager dans ces travaux qu'un très-foible capital : aussi n'ont-ils que peu d'étendue, de solidité et de durée. On ouvre à quelques mètres l'un de l'autre deux puits circulaires de douze ou quinze décimètres de diamètre, dont on soutient les parois au moyen de branchages pliés circulairement. On joint ces deux puits à leur partie inférieure par une galerie, à partir de laquelle on s'avance dans toutes les directions aussi loin que le permettent les éboulemens qui ne manquent presque jamais de se manifester promptement.

Quels que soient la forme du gîte qu'on exploite et le mode d'exploitation qu'on juge à propos d'employer, il y a quelques règles générales auxquelles on doit toujours se conformer, dans la disposition et la conduite des travaux.

On ne doit jamais exploiter de suite les premiers massifs qu'on prépare, mais les considérer comme un dépôt qu'on laisse pour la fin des travaux, et attaquer d'abord les plus éloignés de l'entrée. On doit réunir, dans un même lieu, autant d'ouvriers qu'on le peut, sans qu'ils se nuisent mutuellement; alors leurs travaux se prêtent un mutuel secours, et on a l'avantage d'épargner les lumières, et de faciliter la surveillance. On doit aussi exploiter un même point le plus vite possible, et ne le quitter qu'après l'avoir entièrement épuisé, de manière à ôter, s'il est possible, le boisage pour le faire servir ailleurs, et assurer la solidité, s'il y a lieu, par des remblais. On doit enfin adopter les dispositions qui rendent le transport intérieur le plus court et le plus facile possible, et faire en sorte que les eaux se réunissent en un point commun.

Pendant qu'on exploite les massifs préparés par des travaux antérieurs, il faut en préparer de nouveaux, et pousser en même temps les travaux de recherche, tant à l'intérieur qu'au jour, pour chercher à découvrir de nouveaux gîtes parallèles à celui que l'on suit. Lorsqu'on recherche des filons, on fait le plus souvent suivre, aux travaux de recherche, les filons croiseurs, même lorsque ces filons sont entièrement stériles, parce que leur excavation est moins dispendieuse que celle des roches qui les encaissent.

Le mineur, en poursuivant dans les entrailles de la terre les richesses qu'elle recèle, y est assailli par de nombreux dangers. Les rochers, au milieu desquels il creuse, sont loin d'être d'une seule pièce; ils sont presque toujours pénétrés de fentes, dans diverses directions, et des quartiers prêts à s'en détacher le menacent à chaque instant; souvent même il a à traverser des roches friables ou des matières meubles. L'air atmosphérique le suit avec peine dans les canaux étroits qu'il ouvre devant lui, et les eaux, qui circulent dans les fissures du terrain, filtrent continuellement dans son excavation, et tendent sans cesse à la remplir. Occupons - nous des moyens qu'il emploie pour échapper à ces trois classes de dangers.

MOYENS D'ÉTAYER LES EXCAVATIONS.

Nous avons vu que les excavations des mines se divisent en trois espèces principales : les *Puits*, les *Galeries*, et les *Tailles* ou *Chambres d'exploitation*. Lorsque la largeur de ces excavations est peu considérable, comme l'est ordinairement celle des puits et des galeries, leurs parois se soutiennent quelquefois par elles-mêmes; mais, le plus souvent, on est obligé de les étayer au moyen de pièces de bois, ou au moyen de murailles construites en pierres ou en briques, ou en les remplissant.

Ces trois modes de soutennement se nomment *Boisage, Muraillement* et *Remblai.*

Le Boisage est le mode le plus usité. Il varie, dans sa forme, pour les trois espèces d'excavations, suivant la solidité des parois qu'il s'agit de soutenir.

Pour une galerie, par exemple, il peut être nécessaire de soutenir simplement le toit, au moyen de solives placées en travers, et appuyées par les deux bouts dans la roche ; ou le toit et les deux parois, au moyen d'une solive supérieure *s*, fig. 4 et 5, pl. I, qui prend alors le nom de *Chapeau*, ou *Solivette à corniche*, reposant sur deux *Montans latéraux* ou *Etançons r*, *r*, auxquels on donne une légère inclinaison l'un vers l'autre, de manière à ce qu'ils se rapprochent un peu vers le haut, et qui s'appuient simplement sur le sol. Quelquefois on n'a à soutenir qu'une des parois latérales et le toit. Ce cas se présente souvent dans les filons. On ne place alors des piliers que d'un côté, et de l'autre côté le chapeau est soutenu dans la roche. Il peut arriver que le sol d'une galerie ne soit pas assez solide pour fournir une base assurée aux *Montans*, et qu'il soit nécessaire de les faire reposer sur une pièce horizontale, qu'on nomme *Sole ;* c'est ce qui s'appelle boiser à *Cadres complets.* Les *Montans* sont ordinairement simplement posés sur la *sole ;* mais les extrémités du *Chapeau* et les extrémités supérieures des *Montans* sont entaillées de manière à ce que ceux-ci ne puissent se rapprocher, et à ce que le chapeau conserve toute sa résistance. Dans les terrains friables et les roches fendillées, on met derrière ces pièces, tant au plafond que sur les parois, des *Bois de Garnissage.* Ce sont des planches placées horizontalement, ou bien des morceaux de bois fendu *q*, *q*. *q''*, appelés *Grands coins*, qu'on place tout près les uns des autres, de manière à ne laisser aucun intervalle, ou des *Fascines.* Dans un terrain ordinaire, le mineur pose, ou fait poser ces revêtemens à mesure qu'il avance ; mais dans un terrain meuble, tel que le sable ou les débris, il faut qu'il s'en fasse en quelque sorte précéder ; alors il enfonce, à coups de masse, derrière les pièces du cadre le plus avancé, des planches épaisses et pointues, que l'on nomme *Palles-Planches*, et qui forment les parois de la cavité qu'il va creuser, leur extrémité antérieure étant soutenue par la terre dans laquelle elle est enfoncée, et leur extrémité postérieure par le dernier cadre. Aussitôt que le mineur est assez avancé, il les soutient par un nouveau cadre. La grosseur des bois à employer, ainsi que la distance à mettre entre les *Cadres* ou les *Etançons*, dépendent de la force de la poussée à laquelle on a à résister. Quelquefois, lorsque cette poussée est très-forte, et que les entailles des étançons ne suffisent pas pour les retenir, on est obligé de placer entre eux, un peu au-dessous du chapeau, une pièce de bois horizontale. Quand une galerie doit servir à la fois à plusieurs usages qui s'excluent l'un l'autre, on lui donne une hauteur plus considérable, et on y construit un plancher à une certaine hauteur. Si, par exemple, une galerie doit servir à la fois au transport des minerais et à l'écoulement des eaux, on construit, à quelques décimètres au-dessus de son fond, un plancher *eee*, fig. 2, pl. II, sur lequel s'exécute le roulage, et au-dessous duquel coulent les eaux.

Le boisage des puits varie dans sa forme, ainsi que celui des galeries, suivant la nature et la disposition du terrain qu'ils traversent, et suivant les usages auxquels ils sont destinés. Les puits destinés à être boisés, sont ordinairement carrés ou rectangulaires, parce que cette forme, qui est en elle-même plus commode pour le service de la mine, rend l'exécution du boisage plus facile. Le boisage se compose en général de cadres rectangulaires, dont les pièces ont environ $0^m,2$ de diamètre, et qu'on place à une certaine distance les uns des autres, souvent 1^m ou $1^m,50$. Il n'y a que lorsque la poussée des terres et des eaux est très-grande, qu'on met les cadres en contact immédiat. Les pièces qui les composent sont ordinairement assemblées par entaille à mi-bois, et les deux pièces les plus longues se prolongent souvent au-delà des angles, pour s'appuyer dans le terrain. Soit que le puits soit vertical ou incliné, les cadres se placent toujours de manière à ce que leur plan soit perpendiculaire à l'axe du puits. Il arrive souvent, dans les puits inclinés, qu'il n'y a que deux faces, ou même qu'une seule, qui aient besoin d'être étayées. On les soutient au moyen de pièces de bois transversales, qu'on appuie, par les deux bouts, dans la roche. Lorsque les cadres ne se touchent pas, on place derrière des madriers ou de grands coins, pour soutenir le terrain. Lorsqu'on emploie des madriers, on y attache solidement les cadres, de manière qu'ils ne puissent glisser; il suffit alors, pour que tout le boisage se soutienne, que le cadre inférieur soit fixé solidement, ou que les pièces de celui d'en haut dépassent les angles de manière à s'appuyer sur le sol. En creusant un puits, on le boise à mesure, en procédant, comme nous l'avons indiqué pour une galerie. Quelquefois ce boisage n'a pas besoin d'être changé; mais souvent aussi, et particulièrement dans les grands puits, il ne peut servir que provisoirement, et on est obligé d'en établir ensuite un plus solide. Dans les grands puits rectangulaires, qui servent à la fois à l'extraction des minerais, à l'épuisement des eaux et à la descente des ouvriers, les espaces destinés à ces divers usages sont en général séparés par des cloisons qu'on fait servir à augmenter la solidité du boisage, en arc-boutant les pièces des grands côtés des cadres. Souvent même une cloison sépare la tonne qui monte de celle qui descend, pour les empêcher de s'accrocher; enfin, on est souvent obligé d'y pratiquer des canaux particuliers pour l'airage (Voyez fig. 3, pl. I, n, n', compartimens destinés au passage des tonnes, x compartiment des échelles, y petit canal d'airage, z pompes). Ces grands puits ont ordinairement 2 mètres de large, et 5 ou 6 de long. On donne quelquefois aux puits une forme hexagonale ou octogonale. Les pièces du boisage étant plus courtes, résistent alors davantage, mais la pose de ces pièces exige beaucoup plus de soin. On boise aussi des puits circulaires. En Angleterre on le fait quelquefois avec des pièces de bois, taillées comme les jantes d'une roue; on l'a fait aussi avec des douves de tonneaux, ou avec des madriers plus forts, placés verticalement, et taillés comme les voussoirs d'une voûte. C'est surtout aux puits de petites dimensions, et qui ne doivent avoir que peu de durée, qu'on donne souvent la forme circulaire. On se borne souvent alors à soutenir les parties qui semblent ébouleuses, avec des branches d'arbre flexibles, qu'on plie suivant la circonférence du puits, et derrière lesquelles on place quelquefois des pièces de bois verticales. On peut aussi soutenir, de cette manière, les parois d'un puits qu'on se propose de boiser ensuite d'une manière plus solide, ou de murailler.

Avant de terminer ce qui regarde le boisage, nous entrerons dans quelques détails sur le creusement et le boisage des puits, dans les terrains d'où s'échappe une grande quantité d'eau. C'est l'une des opérations les plus difficiles que présente l'exploitation des mines. On peut citer comme un modèle pour son exécution, la manière dont on fonce les puits dans les houillères des environs de *Valenciennes*, à travers des couches qui laissent filtrer beaucoup d'eau, et qu'on appelle, dans le pays, *Niveaux d'eau*. Lorsque ces bancs ont une certaine consistance, après avoir solidement boisé la partie supérieure du puits, on l'élargit un peu, afin d'établir un boisage provisoire, de dimensions telles qu'on puisse ensuite construire dans le vide intérieur qu'il présente le boisage définitif, et on s'enfonce en plaçant à mesure, au-dessous les uns des autres, des cadres contigus appelés *Plates-Trousses*, dont les pièces plates ont leur plus petite dimension dans le sens horizontal. On attache chaque cadre au précédent, au moyen de planches minces clouées dans leur intérieur. On épuise les eaux à mesure avec des pompes de la puissance convenable. On ne peut empêcher les ouvriers de recevoir des torrens d'eau ; ce travail est des plus pénibles, et même dangereux, à cause des grandes quantités d'eau qu'un simple coup de pic fait souvent jaillir à l'improviste. Si le banc à traverser est trop peu solide, on commence par enfoncer, sur les quatre faces du puits, des planches pointues et ferrées, qui s'adaptent latéralement l'une à l'autre par rainures et languettes, et qu'on appelle *Palles-Planches*. Plus bas, on en enfonce de nouvelles dans l'intérieur des premières, et ainsi de suite, jusqu'à ce qu'on ait traversé le banc mouvant. On doit calculer l'élargissement qu'on fait subir au puits, en entrant dans le banc mouvant, d'après le nombre de *Cours de Palles-Planches* qu'on aura à enfoncer successivement les uns au dedans des autres. Si le banc est tout-à-fait coulant, on y enfonce, avec des vis de pression et à coups de mouton, un cadre tranchant à sa partie inférieure, sur lequel on en place d'autres, en faisant descendre tout le système tant qu'il obéit, et déblayant à mesure dans l'intérieur. Lorsqu'il refuse, on recommence la même opération dans l'intérieur, et ainsi de suite, jusqu'à ce que le banc mouvant soit traversé. En Angleterre, aux environs de *Newcastle*, on substitue aux cadres des anneaux cylindriques de fonte d'une ou de plusieurs pièces, suivant leur diamètre.

Lorsqu'on est parvenu à traverser le banc mouvant, il s'agit d'y placer un boisage solide et imperméable. Pour cela on s'arrête au premier banc solide et imperméable qu'on rencontre après le banc d'où sortent les eaux ; on entaille ce banc, de manière à présenter un plan horizontal bien uni, terminé par des plans verticaux, disposés suivant les faces d'un rectangle parallèle à celui du puits. On applique, contre ces plans, des poutres plates nommées *Lambourdes*, derrière lesquelles on fait entrer de la mousse. Dans l'espace circonscrit par les *Lambourdes*, on place le premier cadre du boisage, dont les pièces sont plus fortes que celles des cadres ordinaires. Entre ces pièces et les *lambourdes*, on place d'abord, la tête en bas, autant de petits coins de bois blanc séchés au four qu'on peut en faire tenir; entre ceux-ci on en enfonce d'autres, de même nature, la pointe en bas; enfin, dans les petits intervalles qui restent, on chasse, à coups de marteau, des coins de bois de chêne, jusqu'à ce que les moindres interstices soient bouchés, et que le tout forme, entre la lambourde et le cadre, une masse solide et imperméable capable de soutenir le cadre en l'air quand le banc sur lequel il repose est enlevé. Les coins dont nous venons de parler s'appellent *Picots*, l'opération s'appelle *Picotage*, et le premier cadre *Trousse à Picoter*. Sur ce premier cadre on en place successivement d'autres, de dimensions convenables, pour résister à la poussée de l'eau et des terres; on fait en sorte qu'ils se joignent bien. On les calfate avec soin, et on garnit, en mousse ou en mortier, tous les vides qui pourroient rester entre ces cadres et les parois du puits provisoire. On élève ce boisage jusqu'à celui de la partie supérieure du puits, auquel on l'unit soigneusement.

Le boisage formé ainsi de cadres contigus bien joints s'appelle *Cuvelage*. On doit *Cuveler* et picoter tous les puits qui traversent des couches d'où filtre une grande quantité d'eau, pour parvenir ensuite à des couches sèches.

Le boisage des *Tailles* et des *espaces Excavés* varie beaucoup dans sa forme et dans sa force, suivant la forme du gîte, la solidité de ses parois et la grandeur des vides qu'on y pratique. Dans les gîtes peu inclinés et d'une épaisseur médiocre, tels que la plupart des couches de houille, on étaie à mesure qu'on avance dans les tailles ou chambres, au moyen d'*Etançons*, qu'on place entre le toit et le mur, dans une direction perpendiculaire à leurs plans. Quand le toit ou le mur sont peu solides, on appuie l'extrémité correspondante des étançons sur une pièce de bois transversale, appelée *Semelle*, qui, s'appliquant contre la roche, sur une plus grande étendue, les empêche d'y entrer. Si le toit est très-peu solide, on place des bois de garnissage sur les semelles. Dans les gîtes très-inclinés, comme les filons, on appuie de même le toit sur le mur; mais il faut, en outre, des planchers de distance en distance, pour soutenir les déblais. Ces planchers, faciles à construire dans les filons minces, deviennent très-dispendieux dans les filons puissans. On les construit au moyen de pièces de bois tranversales, dont les deux extrémités reposent dans des entailles de la roche, et dont le milieu est soutenu par des jambes de force, lorsque leur portée est considérable.

Comme il est nécessaire de conserver aux bois toute leur force, on n'équarrit que ceux pour lesquels cela est absolument nécessaire, comme les pièces des cuvelages; quant aux pièces des cadres des puits et des galeries, on ne fait que les blanchir, souvent même on ne le fait pas pour les étançons des galeries, et jamais on ne le fait pour ceux employés dans les espaces excavés; mais, dans tous les cas, on ôte l'écorce, parce qu'on a remarqué qu'elle accélère la détérioration des bois en conservant l'humidité. On enlève aussi, par la même raison, l'aubier du chêne.

Les bois résineux, appelés en Allemagne bois à aiguilles, résistent et durent beaucoup moins que les bois à feuillages, tels que le chêne, le hêtre, le merisier. Les meilleurs sont, parmi les premiers, le mélèse, et parmi les derniers, le chêne et le merisier. Ces derniers durent quelquefois quarante ans; les bois résineux rarement plus de dix ans. Malgré le désavantage des bois résineux, ils sont assez souvent employés dans les mines, parce qu'ils croissent communément dans les pays de montagnes, qui sont en même temps des pays à mines. On a observé que les boisages se conservent d'autant plus long-temps que l'air des mines est plus pur.

Dans un grand nombre de mines, on trouve de l'avantage à soutenir les excavations par des constructions en pierres ou en briques, avec mortier, ou à pierres sèches, à la place de boisage. Ces constructions sont souvent plus coûteuses ; mais elles durent bien plus long-temps, et exigent moins de réparations. On les emploie, comme le boisage, pour soutenir les parois et le toit des galeries, pour revêtir celles des puits, et pour soutenir les parois et le toit des espaces excavés.

Souvent on revêtit les deux parois d'une galerie de murs verticaux, et on soutient son toit par une voûte en ogive ou en plein cintre. Si les parois sont solides, on se contente d'une simple voûte pour soutenir le toit. Quelquefois on forme toute la surface d'une galerie d'une seule voûte elliptique, dont le grand axe est vertical, et dont la partie inférieure, surmontée d'un plancher en bois, sert à l'écoulement des eaux.

On donne aussi fréquemment aux puits muraillés une forme circulaire ou elliptique, qui est plus propre à résister à la poussée des eaux et des terres. On muraille cependant aussi des puits rectangulaires de toutes dimensions. On a soin de faire reposer le murailleur sur un banc solide. On l'appuie aussi sur tous les bancs solides qu'il peut traverser. S'il se présente un très-long intervalle pendant lequel il n'en traverse aucun, on pratique, tout autour du puits, une entaille, sur le sol de laquelle on place de fortes pièces de bois. Ces pièces de bois supportent en partie la portion supérieure du muraillement, à laquelle on donne d'abord une grande épaisseur, et qu'on ramène ensuite peu à peu aux dimensions ordinaires. Si deux faces seulement du puits ont besoin d'être soutenues, on ne muraille que celles-là, et on place, de distance en distance, des arcs de voûte, appuyés sur les parties les plus solides des deux autres parois, pour soutenir les parties supérieures du muraillement.

Dans les tailles poussées dans des couches peu inclinées, on construit, avec les parties les plus solides des déblais, des murailles à pierres sèches, ou des piliers qu'on élève jusqu'au toit, et qui suppléent ou diminuent le boisage.

On peut enfin soutenir les parois d'une excavation, en la

remplissant complètement de déblais. Nous avons cité des cas où le remblai fait partie essentielle du mode d'exploitation. Il en existe d'autres où son emploi, sans être indispensable, peut être très-utile. Si, par exemple, on veut conserver pendant long-temps les parois d'une excavation, sans cependant avoir besoin d'y passer, il est souvent plus économique de la remblayer que d'y entretenir des soutiens. Il existe, dans le pays de Liége, des puits qu'on a ainsi remplis il y a plusieurs siècles, et qu'on retrouve maintenant intacts lorsqu'on les vide. Le remblai est encore utile pour former des chemins dans des couches inclinées, fermer des passages à l'air, et former des canaux d'airage. On l'exécute soit avec des déblais de l'exploitation même, soit en se procurant des déblais à la surface du sol, soit en creusant des excavations exprès dans le terrain qui encaisse les gites exploités.

AIRAGE DES MINES.

Lorsque les hommes pénètrent par des chemins étroits dans l'intérieur de la terre, leur respiration, la combustion des lumières et celle de la poudre ne tardent pas à vicier l'air. La décomposition des bois y contribue également, et souvent le gîte de minerai y contribue lui-même, comme la plupart des houilles par le gaz hydrogène carboné ou sulfuré qu'elles dégagent les pyrites en efflorescence par l'oxigène qu'elles absorbent d'autres minéraux par les vapeurs arsenicales ou mercurielle qu'ils produisent. Il résulte de ces différentes causes des proportions diverses de gaz acide carbonique, d'hydrogène carboné, etc. et une diminution dans la quantité d'oxigène, qui font que le mélange est plus ou moins impropre à la respiration et à la combustion. En outre, quand le gaz hydrogène est dans une certaine proportion, il peut s'enflammer au lampes des mineurs, et occasionner par les détonations qu'il produit, des accidens désastreux. De là résulte la nécessité d'entretenir dans les cavités souterraines une circulation continuelle d'air qui renouvelle sans cesse l'atmosphère dans laquelle les mineurs travaillent. L'ensemble des moyens qu'on emploie pour produire cet effet, constitue ce qu'on appelle l'*Airage* des mines.

On divise ces moyens en *Naturels* et *Artificiels*.

Les *Moyens Naturels* sont les courans produits par la différence de densité de l'air des mines et de l'air extérieur, et les dispositions qu'on emploie pour diriger cette action de la manière la plus utile.

La température de l'air des travaux égale ou surpasse la température moyenne du lieu dans lequel la mine est ouverte. Il est donc en hiver plus léger, et souvent en été plus lourd que l'air de l'atmosphère. Aussi, lorsque la mine présente deux ouvertures à des niveaux différens, l'air s'écoule naturellement par la plus élevée en hiver, et par la plus basse en été. On peut profiter de cela pour porter l'air au fond d'une galerie même très-longue, ouverte dans le flanc d'une montagne, en perçant un puits à son toit à quelque distance de son entrée, et la divisant par un plancher horizontal en deux parties qui ne communiquent entre elles qu'à l'extrémité la plus reculée, et dont la supérieure communique avec le puits, et l'inférieure avec l'orifice de la galerie. Si les deux compartimens ont des dimensions différentes, l'air qui se trouve dans le plus petit se met plus vite en équilibre de température avec la roche, et la différence de température des deux compartimens suffit pour produire un courant. Si un filet d'eau s'écoule par cette galerie, il facilite en été par son mouvement et par la fraicheur qu'il lui communique, l'écoulement de l'air par le compartiment inférieur. Si une mine a plusieurs ouvertures situées au même niveau, il est rare que quelque circonstance particulière ne vienne pas détruire pendant l'hiver l'équilibre instantané dans lequel se trouve l'air léger qu'elle contient telle est la plus grande largeur de l'un des puits qui, occa-

sionnant un plus grand refroidissement, détermine l'air extérieur à descendre par cette voie. Mais dans les temps chauds,
l'air renfermé dans les excavations étant plus frais et plus
lourd que l'air extérieur, et tendant par son poids à rester
au fond des exploitations, les causes précitées sont presque toujours trop foibles pour le déterminer à en sortir. On y parvient souvent en élevant sur l'un des puits une cheminée de
vingt à trente mètres de hauteur, qui produit l'effet d'une
ouverture à un niveau différent; mais lorsque ce moyen ne
réussit pas, il faut avoir recours aux moyens artificiels qui
deviennent aussi très-souvent nécessaires pour toute espèce de
mine dans les temps doux où l'air extérieur est à peu près à la
même température que celui des mines, et où les moyens naturels d'airage perdent toute leur action. On a remarqué que
les temps d'orage et les grands vents dérangent ordinairement
la marche de l'airage.

Les *Moyens Artificiels* d'airage sont de deux espèces : les
uns soufflent ou refoulent l'air dans le fond des excavations ;
les autres aspirent ou raréfient l'air intérieur.

Pour produire le premier effet, on emploie des *Ventilateurs*,
des *Trompes*, des *Soufflets* de diverses espèces. Mais toutes ces
machines ne produisent jamais que le mélange de l'air pur que
l'on souffle avec l'air vicié des travaux; et à des distances un
peu considérables, leur effet est toujours peu sensible.

Quand au contraire on aspire ou raréfie l'air vicié, il est remplacé naturellement en entier par l'air atmosphérique qui s'introduit de l'extérieur, et l'effet obtenu est beaucoup meilleur.
On peut employer dans ce but des machines soufflantes de
toute espèce, en faisant ouvrir leurs clapets d'entrée dans des
tuyaux qui vont chercher l'air au fond des excavations. Mais
le moyen le plus puissant, et celui qui est susceptible des plus
nombreuses applications, est le *Feu*. Pour l'employer on établit une grille surmontée d'un tuyau d'aspiration, et disposée
de telle manière que le feu qu'on fait dessus ne puisse être

alimenté que par de l'air tiré de l'intérieur des travaux. Souvent on place le feu dans l'intérieur de la mine au fond d'un puits principal ou d'un puits d'airage, qui reçoit l'air du puits principal à une certaine hauteur. Quelquefois aussi on suspend le feu dans le puits au moyen d'une corbeille en fer : ordinairement un puits qui contient un feu d'airage est surmonté d'une cheminée élevée; si l'air qui sort de la mine est assez mélangé de gaz hydrogène pour être détonant, on le fait passer dans un tuyau qui traverse un foyer alimenté par l'air extérieur.

Il ne suffit pas de forcer l'air à entrer et sortir continuellement d'une mine, il faut encore le forcer à circuler principalement dans les parties où les ouvriers travaillent et circulent. Souvent l'air, cherchant son cours par la route la plus courte, n'a aucune tendance à circuler dans les travaux les plus profonds ou les plus reculés. Il faut alors l'y contraindre en lui fermant toute autre route au moyen de cloisons et de portes battantes; et, s'il est nécessaire, en conduisant le courant au moyen de planchers, de tuyaux de bois et de canaux en maçonnerie dans les endroits où il doit passer. Les galeries tortueuses, les boisages multipliés sont des obstacles qui s'opposent à la libre circulation de l'air. Des voies courtes et directes, des parois lisses la rendent au contraire plus facile. Dans les mines de houille, sujettes au *Feu Grisou*, c'est-à-dire aux explosions causées par le gaz hydrogène, il est essentiel que l'air rase les tailles le plus immédiatement et le plus vivement possible. Pour cela on l'oblige à arriver et à sortir de la taille par des conduits dont on bâtit les parois avec des déblais ou des briques, et qu'on fait avancer sans cesse de manière à déboucher toujours très-près des deux bouts de la taille, et on place derrière les ouvriers, à la plus petite distance possible, une muraille de déblais : pour que l'air emporte plus aisément le gaz hydrogène qui est plus léger, et pour qu'on puisse établir le roulage dans la voie qui amène l'air, on fait ordinairement parcourir la taille par l'air de bas en haut.

ÉPUISEMENT DES EAUX.

Le mineur, en s'enfonçant dans l'intérieur de la terre, ne tarde pas à faire jaillir des sources : leurs eaux, en s'infiltrant dans les excavations qu'il creuse, sont un des plus grands obstacles que la nature oppose à ses travaux. Lorsque ces travaux s'exécutent au-dessus du niveau de quelque vallée peu éloignée, on parvient à se débarrasser des eaux en les y conduisant par une *Tranchée* ou par une *Galerie d'Ecoulement*. C'est toujours le moyen d'assèchement le plus sûr; et, malgré les grandes avances qu'il exige, c'est souvent le plus économique. Les grands avantages que présentent ces galeries, font qu'on ne craint jamais de les établir dans les exploitations qui promettent une longue durée. Il y en a qui ont plusieurs lieues de longueur : quelquefois on parvient à les disposer de manière à épuiser les eaux de plusieurs mines, comme on le voit dans les environs de Freyberg. On doit ne donner aux galeries d'écoulement que la pente rigoureusement nécessaire pour que les eaux s'écoulent, tout au plus de $\frac{1}{800}$ à $\frac{1}{400}$, afin d'assécher la mine jusqu'au niveau le plus bas possible.

Toutes les fois qu'on porte les travaux au-dessous des moyens d'écoulement naturels, ou au-dessous d'une plaine, on est forcé d'avoir recours à des moyens mécaniques. On diminue autant que possible la quantité d'eau qui s'infiltre en cuvelant, muraillant et calfatant avec le plus grand soin les puits et toutes les excavations qui traversent des niveaux d'eau, et on dispose les travaux intérieurs de manière à ce que toutes les eaux viennent se réunir dans des puisarts placés au bas des puits ou des galeries inclinées, d'où on les élève au jour ou au niveau de la galerie d'écoulement. Cette opération s'exécute suivant leur plus ou moins grande abondance, au moyen de seaux qui, quand ils ont de grandes dimensions, prennent le nom de *Tonnes* ou *Bennes*, et auxquels, dans quelques mines, on substitue des *Outres*, ou au moyen de pompes, soit simplement aspirantes, soit aspirantes et foulantes, à tuyaux de bois ou de fonte. Dans la plupart des mines on emploie des pompes simplement aspirantes, parce qu'elles sont moins sujettes à casser et plus faciles à réparer, et on en place autant de répétitions au-dessus les unes des autres que le puits a de fois neuf à dix mètres de profondeur, au-dessous du point où les eaux ont leur écoulement naturel.

Ces machines d'épuisement sont mises en mouvement par la puissance mécanique qui se trouve être la moins coûteuse dans le lieu où elles sont établies ; dans presque toute l'Angleterre et sur beaucoup de mines de houille de France et de Silésie par des machines à vapeur ; dans les principales mines métalliques de France, et dans presque toutes celles de l'Allemagne et de la Hongrie, par des machines hydrauliques ; ailleurs par des machines mues par des chevaux, des bœufs ou même par des hommes. S'il ne s'agit que d'élever les eaux jusqu'au niveau d'une galerie d'écoulement, on peut tirer un parti avantageux de celles des parties supérieures de la mine, ou même d'eaux qu'on y laisse descendre du dehors, et qui s'écoulent par la galerie, en établissant à son niveau dans la mine des machines à colonne d'eau, ou des roues à augets. Ce moyen est employé avec succès dans plusieurs mines de la Hongrie, de la Bohème, de l'Allemagne, du Cornouailles, dans celle de Poullaouen en Bretagne, etc.

On a remarqué que les sources abondantes se trouvent plutôt vers la surface du sol que dans les grandes profondeurs.

TRANSPORT DES MINÉRAIS AU JOUR.

Le minerai étant arraché de son gite, et ayant subi, lorsqu'il y a lieu, un premier triage, il s'agit de l'amener au

4

jour, ce qui s'exécute de diverses manières, selon les circonstances, les localités, et trop souvent selon la routine. Il existe encore des mines où le transport intérieur des minerais s'exécute à dos d'hommes; ce mode est le plus désavantageux de tous, et on l'abandonne graduellement. Ordinairement le transport dans les galeries a lieu au moyen de traîneaux, de brouettes, ou, ce qui vaut encore mieux, au moyen de chariots appelés *Chiens z*, fig. 5, pl. 1. Ce sont des caisses portées sur quatre roues, deux grandes qui sont placées un peu en arrière du centre de gravité, et deux petites placées en avant. Lorsque ce chien est en repos, il porte sur ses quatre roues et penche en avant. Mais lorsque le mineur, en le poussant devant lui, s'appuie sur son bord postérieur, il le rend horizontal, et alors il ne pose plus que sur les deux grandes roues; on évite par ce moyen les frottemens qui résulteroient de l'emploi des quatre roues, et le *Rouleur* ou *Hercheur* ne porte pas une partie du fardeau, comme il le feroit avec les brouettes ordinaires. Pour diminuer encore le tirage on établit deux files de poutrelles de bois, *pp*, fig. 4 et 5, pl. 1, et quelquefois même de fonte, sur lesquelles roulent les roues des chiens. On empêche ces roues de s'en écarter en plaçant sous le chien une cheville de fer appelée clou de conduite, garnie d'une bobine qui se place entre les deux poutrelles ou au moyen de rainures que présentent les poutrelles ou les roues elles-mêmes. On a soin de pratiquer de distance en distance des espaces plus larges dans lesquels les chiens qui reviennent à vide puissent passer à côté de ceux qui sortent remplis. C'est particulièrement dans les mines métalliques dont le minerai est pesant, et dont les galeries sont étroites, qu'on emploie ces chiens. Dans les mines de houille, on emploie très-souvent des chariots formés d'une caisse plus large, portée par quatre roues égales en bois ou en fonte. Souvent aussi le chien n'est qu'un simple châssis porté sur quatre roues, et sur lequel on place un panier ou une caisse qu'on remplit de houille. Cela ne se fait que lorsque la houille doit être élevée au jour par des puits, par exemple à *Newcastle*. On élève la houille dans les paniers même qui ont servi au roulage, ce qui, en évitant un transvasement, évite une occasion de la briser. Dans les grandes exploitations, telles que les grandes mines de houille de l'Angleterre, les mines de sel de Galicie et d'Angleterre, les mines de cuivre de Fahlun, les mines de plomb d'Alston-Moor, on introduit des chevaux et des ânes dans les exploitations pour tirer des chariots plus grands, ou plusieurs chariots attachés l'un à l'autre. Ces animaux passent quelquefois plusieurs années de suite sans voir le jour. Dans d'autres mines, telles que celles de *Worsley* dans le Lanscashire, on a établi des canaux souterrains sur lesquels on transporte le minerai dans des bateaux. Enfin il y a des mines où les chariots sont tirés par des machines placées, soit au jour, soit dans la mine même, et agissant à l'aide de chaînes ou de câbles et de poulies de renvoi. Il est rare que les galeries de roulage aient plus de trois cents à quatre cents mètres de longueur : lorsque les tailles s'éloignent davantage des puits existans, il y a ordinairement de l'avantage à en creuser un nouveau. Il arrive quelquefois que pour transporter le minerai d'une taille à une galerie principale de roulage, on est obligé de le jeter du haut en bas d'un petit puits intérieur, ou au contraire de l'élever dans un pareil puits à l'aide d'un treuil à bras.

Quand les galeries des mines n'aboutissent pas au jour, le roulage intérieur ne constitue qu'une partie du transport : il faut encore élever les minerais depuis le fond des puits ou des places d'*Assemblage* ou d'*Accrochage*, situées sur leurs bords aux différens étages de l'exploitation, jusqu'à la surface du sol.

Lorsque les travaux d'une mine commencent, qu'ils sont encore peu profonds et peu actifs, il suffit de placer sur le puits un simple treuil au moyen duquel un petit nombre d'hommes élèvent les seaux, les paniers ou les sacs pleins de minerai; mais ce moyen est bientôt insuffisant, et doit être remplacé par des machines plus puissantes.

Elles se composent essentiellement de deux grandes poulies ou *Molettes* placées au-dessus du puits, et sur lesquelles passent deux câbles ou deux chaînes qui portent à une extrémité une tonne, une caisse ou un panier, et par l'autre extrémité s'enroulent en sens inverse l'un de l'autre sur un tambour horizontal ou vertical, de manière que si le tambour tourne, l'un monte et l'autre descend. La partie du puits destinée au passage des tonnes est toujours séparée par des cloisons de celles dans lesquelles sont placées les pompes et les échelles. Souvent même, de peur que les tonnes ne s'accrochent, on les place chacune dans un compartiment particulier. Afin qu'elles ne puissent s'accrocher aux cadres du boisage, lorsqu'ils ne sont pas contigus, on doit clouer des planches verticales sur les surfaces intérieures de ceux-ci (voyez fig. 3, pl. 1). Quand on emploie des tonnes, comme elles sont très-pesantes, on les suspend par leur milieu de manière à pouvoir les renverser par un léger effort. Parvenues au bord du puits, elles sont arrêtées par un crochet qui les renverse, et le minerai qu'elles contiennent tombe dans une grande caisse placée près de ce bord. On emploie particulièrement les caisses dans les puits inclinés, elles portent alors des roulettes qui roulent sur des files de poutrelles ou *limandes* bien unies. La caisse étant hors du puits, on baisse sous elle une traverse; on fait tourner le tambour en sens inverse, la corde se lâche, et la caisse redescend; mais retenue par la traverse, elle fait d'elle-même la bascule, et se vide dans une grande caisse disposée pour cet objet. Quelquefois les câbles ne portent pas de tonne ni de panier fixé à demeure, mais on y accroche à chaque fois un panier rempli de houille, qui a été apporté au bas du puits.

Le tambour qui fait monter et descendre les tonnes, est lui-même mis en mouvement par l'agent mécanique qui peut le mouvoir au meilleur marché. S'il est mu par des chevaux, auquel cas il est ordinairement vertical ; la machine porte le nom de *Machine à Molettes*, ou *Baritel*. On se sert de chevaux aux mines de houille du pays de Liége, dans toutes les mines de la Saxe , dans beaucoup de celles du Cornouailles et dans beaucoup d'autres. Si le tambour est mu par une machine à vapeur, le système prend le nom de *Machine de Rotation ;* ces machines sont très-employées sur les mines de houille d'Angleterre et de France. Dans d'autres pays, particulièrement au Hartz, on emploie des machines hydrauliques pour le même objet.

DÉTAILS ACCESSOIRES.

Peu de mines peuvent être parcourues en entier au moyen de galeries. Le plus souvent il y a des puits à monter et à descendre. Dans les puits de beaucoup de mines, les ouvriers sont descendus et remontés au moyen des machines qui servent à élever les minerais. Ils se placent à cet effet plusieurs à la fois dans les tonnes ou paniers, ou sur leurs bords. Dans les petites exploitations, on descend une seule personne à la fois, au moyen d'un seau ou d'un crochet, dans lequel elle met un pied , ou d'un bâton sur lequel elle s'asseoit. On a ordinairement l'attention de ne descendre les ouvriers qu'avec un câble neuf, et jamais avec une chaîne. qui est plus sujette à casser. Mais cette méthode , qui fait dépendre la vie de plusieurs hommes de la solidité d'une corde , devroit être proscrite ; cependant les mineurs la préfèrent souvent, au moins pour remonter, comme moins fatigante que les échelles, et il faut une surveillance sévère pour les empêcher d'y recourir. Dans les grandes exploitations des États autrichiens, on oblige les mineurs à remonter à l'aide d'échelles ; mais les officiers sont élevés sur des espèces de selles attachées au câble.

Dans toute mine bien tenue, les ouvriers ne descendent

dans les puits que par des échelles droites ou inclinées, inter-
rompues, de dix en dix mètres, par des planchers de repos,
qui ne présentent qu'une ouverture suffisante pour descendre
sur l'échelle inférieure. Dans quelques mines, au lieu d'un
plancher, on ne place qu'un simple banc sur lequel on peut
s'asseoir. Les échelles sont ordinairement placées dans un petit puits particulier, ou dans une partie x d'un grand puits séparée du reste par une cloison. Les échelles sont le plus souvent
à deux montans, comme les échelles ordinaires, avec des
échelons de bois ou de fer. Quelquefois il n'y a qu'un seul
montant, traversé par des échelons saillans des deux côtés,
comme un bâton de perroquet. Enfin, dans plusieurs mines
du Mexique et du nord de l'Europe, on se contente de pièces
de bois entaillées alternativement des deux côtés. On se sert aussi
quelquefois d'échelles de cordes à échelons de bois, et de cordes
garnies de nœuds. Ces dernières ne servent qu'à descendre.
Enfin, dans beaucoup de petits puits, on descend à l'aide
des cadres du boisage, en appuyant à la fois les pieds et les
mains sur les pièces en saillie sur deux faces opposées du
puits.

Dans quelques mines on voit des escaliers taillés dans la
roche ou le minerai ; il en existe aux mines de mercure d'Idria
et du Palatinat, aux mines de sel de Wieliczka, dans les mines
d'argent du Mexique ; ils servent, dans ces dernières, au transport au jour des minerais, qui s'opère à dos d'hommes.

Enfin on descend dans certaines mines, et particulièrement dans beaucoup d'exploitations à ciel ouvert, au moyen
de rampes. Il y a de ces rampes qui ont plus de 30° de pente,
et ne peuvent servir qu'à glisser sur des espèces de traîneaux,
dont on diminue à son gré la vitesse, en se retenant à une
corde solidement attachée au haut de la rampe.

La lumière du jour suffit pour éclairer les mineurs jusqu'au
fond des excavations à ciel ouvert les plus profondes et les plus
étroites ; mais ils ne peuvent pénétrer sans lumière dans les tra-

vaux souterrains. Ils s'éclairent au moyen de chandelles ou de lampes. Ils portent les chandelles, en les entourant d'une pelotte d'argile, ou en les plaçant dans une espèce de bougeoir terminé par une pointe de fer, k, k', fig. 7, pl. 1, qui servent à les fixer au rocher, aux pièces du boisage ou à leur chapeau. Les lampes, $t't'$, fig. 6, pl. 1, sont en fer, hermétiquement fermées, et suspendues de manière qu'elles ne s'inclinent jamais, et que l'huile ne puisse se renverser. On les tient ordinairement accrochées au pouce au moyen d'un crochet. Les mineurs emploient aussi quelquefois de petites lanternes, suspendues à leur ceinture. Il faut quelques précautions, et beaucoup d'habitude, pour porter ces lumières dans un courant d'air un peu rapide, ou dans un air vicié ; mais c'est surtout dans les mines de houille, sujettes au dégagement du gaz hydrogène, qu'il faut en prendre beaucoup pour éviter les explosions. On doit toujours, dans ce cas, placer les lumières au milieu du courant d'air, et plutôt près du sol que près du toit des excavations. Le moyen le plus sûr est d'employer l'ingénieuse lampe à enveloppe de toile métallique, inventée par sir H. Davy.

Nous ne pouvons terminer l'esquisse des travaux des mines, sans donner quelques détails sur les *Ouvriers Mineurs*. La plupart des hommes ne peuvent, sans un sentiment pénible, s'enfoncer dans les excavations ténébreuses des mines. Aussi, le travail des mines fut-il d'abord très-redouté ; c'étoit, dans l'antiquité, le partage des esclaves. ou même le châtiment des crimes. Cette défaveur a diminué à mesure que les mines ont fait des progrès. Un travail profitable et honoré a fini par prendre rang parmi les autres genres d'industrie. De même qu'il existe des populations de marins, il s'est formé des populations de mineurs. Comme les marins, et en général les hommes voués à un état périlleux et qui présente des chances de grands succès, les mineurs s'attachent au leur, et n'en parlent qu'avec orgueil. Ils finissent. en vieillissant, par trouver toute autre occupation fastidieuse. Ils forment, dans certains pays, tels que l'Allemagne et la Suède, un corps légalement constitué, et jouissant de priviléges particuliers. Les mineurs travaillent, en général, six ou huit heures de suite. Cet intervalle de temps s'appelle un *Poste*. Souvent, lorsqu'un ouvrier a terminé son poste, il est relevé par un autre, et le travail se continue sans interruption, mais il est très-rare qu'un mineur reste plusieurs jours sans revenir à la surface, ainsi qu'on l'a souvent dit et imprimé pour les ouvriers de plusieurs mines célèbres. Les mineurs ont souvent un costume particulier, dont le but est de les mettre, autant que possible, à l'abri des incommodités qui leur sont causées par l'eau, la boue, les pierres aiguës, qu'ils trouvent dans les lieux où ils travaillent. Une des parties les plus essentielles du costume des mineurs allemands, est un tablier de cuir, qu'ils portent par derrière, pour éviter d'être incommodés en s'asseyant dans l'humidité ou sur des déblais. Ceux de plusieurs autres contrées l'ont adopté à leur exemple. En Angleterre, les mineurs portent de la laine sur la peau; mais ils travaillent souvent presque nus, ne conservant qu'un simple pantalon. Dans beaucoup de pays, le marteau et la pointerolle (en allemand *Schegel und Eisen*), disposés en croix de Saint-André, sont l'attribut des mineurs, et sont gravés sur leurs boutons, et sur tout ce qui appartient aux mines.

Quelques uns des travaux exécutés dans les mines, ou à leur occasion, méritent d'occuper une place distinguée parmi les ouvrages des hommes.

Plusieurs mines sont exploitées à plus de six cents mètres, quelques unes même à mille mètres au-dessous de la surface du sol; un grand nombre descendent au-dessous du niveau de la mer; et on en connoît qui s'étendent sous ses eaux, et n'en sont séparées que par une mince cloison, qui laisse entendre, dans les orages, le roulement des cailloux.

On a ouvert en 1792, à la mine de *Valenciana*, au Mexique,

un puits octogonal de 7 mètres de largeur, qui devoit avoir 514 mètres de profondeur, n'être achevé qu'en vingt-trois ans, et coûter six millions de francs.

La grande galerie d'écoulement des mines de *Clausthal* au Hartz, a 10438 mètres de longueur, et passe à 288 mètres au-dessous de l'église de Clausthal. Son percement a duré depuis 1777 jusqu'à 1800, et a coûté 1,648,568 francs.

Plusieurs autres galeries d'écoulement mériteroient également ment d'être citées, à cause de leur longueur et des dépenses qu'elles ont occasionnées.

Les mines de houille et de fer qui alimentent les usines de M. *Crawshay*, à *Merthyr-Tydvil*, dans le pays de Galles, ont donné lieu à l'établissement, tant dans l'intérieur qu'à la surface, de chemins de fer, dont le développement total est de cent milles anglois, ou environ trente-trois lieues de France.

Le transport de la houille, extraite des mines des environs de *Newcastle* jusqu'au point de l'embarquement, s'exécute presque uniquement, tant à l'intérieur qu'à la surface, sur des chemins de fer, dont le développement total est de 150 lieues de France.

Il n'est aucun genre de travaux qui exige un aussi grand développement de force que ceux des mines, et il est douteux que l'homme ait jamais disposé de machines aussi puissantes que celles qui sont employées en ce moment pour l'exploitation de quelques mines. Les eaux de plusieurs de celles du Cornouailles sont épuisées, au moyen de machines à vapeur, dont la force, vraiment prodigieuse, équivaut à l'action simultanée de 300 chevaux.

Nous ne pouvons nous flatter d'avoir, dans un si court espace, donné une idée complète des travaux des mines. Nous l'espérons d'autant moins, qu'il est peu d'objets plus difficiles à se figurer sans les voir. On se fait rarement une idée juste de la mer, si on a toujours vécu loin des côtes. Une mine diffère plus encore que la mer des objets qui frappent habituellement nos regards. Il arrive souvent que les personnes étrangères au métier, qui visitent les mines, trouvant ce séjour peu agréable, les voient à la hâte et mal, et les décrivent ou les figurent tout autrement qu'elles ne sont. Aussi rien n'est plus propre à en donner une idée fausse que les descriptions et les dessins qu'on en trouve dans beaucoup d'ouvrages. Ceux qui voudroient acquérir une connoissance exacte des mines, sans pouvoir en visiter un grand nombre, ne peuvent mieux faire que de lire l'ouvrage intitulé : *De La Richesse Minérale*, publié par M. *Heron de Villefosse*, inspecteur divisionnaire des mines de France, et surtout de consulter *l'Atlas* qui l'accompagne. Ils y trouveront les différens modes de travaux, et les machines dont ils nécessitent l'emploi, tracés géométriquement, d'après des exemples pris dans les mines les plus célèbres. Cet ouvrage est regardé, par les hommes les plus instruits de France, d'Allemagne et d'Angleterre, comme le recueil le plus complet et le plus instructif de faits relatifs aux mines et aux usines qui en dépendent.

Nous allons puiser, dans ce même ouvrage, une grande partie des faits qui composeront la partie statistique de cet article.

PARTIE STATISTIQUE.

On peut diviser les mines en trois classes, savoir : 1.º les mines des terrains antérieurs à la houille; 2.º les mines des terrains secondaires, ou de sédiment ; 3.º les mines des terrains meubles dits d'alluvion.

Les premières sont ouvertes pour la plupart sur des filons, des amas et des couches métallifères.

Les secondes sur des couches de combustibles et des couches métallifères ou salifères.

Les dernières sur des dépôts de minerais métalliques, disséminés dans des argiles, des sables et autres terrains meubles

généralement postérieurs à la craie, et même presque toujours beaucoup plus modernes.

Les mines de ces trois classes, placées en général dans des si-
tuations physiques très-différentes, ne sont pas moins distinctes
sous le rapport de l'exploitation et de l'industrie, que sous le
rapport géologique.

MINES DES TERRAINS ANTÉRIEURS A LA HOUILLE.

Les mines des terrains antérieurs à la houille sont situées
dans un petit nombre de régions montagneuses, dont la totalité ne forme qu'une très-petite partie de la surface sèche du
globe, et dont les plus remarquables sont : *Les Cordilières de
l'Amérique espagnole, les Montagnes de la Hongrie, les Monts
Altaï, les Monts Oural, les Vosges et la Forêt-Noire, le Hartz,
l'Est de l'Allemagne, le Centre de la France, le Nord du Portugal et
les parties adjacentes de l'Espagne, la Bretagne, les Côtes correspondantes de la Grande-Bretagne et de l'Irlande, le Nord de
l'Europe, les Allegany, le Midi de l'Espagne, les Pyrénées, les
Alpes, les terrains schisteux des bords du Rhin et les Ardennes, les
Montagnes calcaires de l'Angleterre, et la Daourie.*

Mines des Cordilières de l'Amérique espagnole.

Peu de contrées sont aussi célèbres par leurs richesses minérales que la grande chaîne qui, sous le nom de Cordilière
des Andes, longe les rivages de l'Océan Pacifique, depuis la
terre des Patagons jusque vers le nord-ouest du continent amé-
ricain. Il n'est personne qui n'ait entendu parler des mines du
Mexique et du Potosi, la richesse de celles du Pérou est
passée en proverbe.

Les mines les plus importantes des Cordilières sont des
mines d'argent. On y a aussi ouvert quelques mines d'or, de
mercure, de cuivre et de plomb. Ces montagnes ne paroissent pas être également métallifères dans toute leur étendue.

Les exploitations se trouvent réunies dans un petit nombre
de cantons très-éloignés les uns des autres.

On exploite dans les Andes du Chili, particulièrement dans
la province de *Coquimbo*, quelques mines d'argent, qui donnent
principalement des minerais terreux, ferrugineux, mêlés de
parties imperceptibles de minéraux à base d'argent et connus
sous le nom de *Pacos*. La même province offre aussi des mines
de cuivre assez importantes, dont on retire principalement du
cuivre natif, du cuivre oxidulé, du cuivre carbonaté et du
cuivre sulfuré, et dans lesquelles on rencontre en outre du
cuivre muriaté. Dans quelques unes d'entre elles on a trouvé des
masses de cuivre natif d'un volume extraordinaire.

La seconde région métallifère des Andes se trouve entre les
21.e et 15.e degrés de latitude australe. Elle comprend la célèbre montagne de *Potosi*, située vers le 20.e degré de latitude
australe sur le versant oriental de la chaine, et plusieurs autres districts également très-riches, qui s'étendent principalement vers le N. O. jusque sur les deux rives du lac Titicaca,
et même au-delà, sur une longueur totale d'environ 150 lieues.
Tous ces districts, qui dépendoient autrefois du Pérou, ont
été réunis en 1778 au royaume de *Buenos-Ayres*. Les mines du
Potosi ont été découvertes en 1545, et ont fourni depuis cette
époque jusqu'à nos jours une masse d'argent que M. de
Humboldt évalue à 5,750,000,000 de francs; les premières
années ont été les plus productives. On trouvoit alors assez
communément des minerais qui rendoient 40 à 45 pour
cent. Depuis le commencement du dix-huitième siècle on
n'obtient plus qu'une richesse moyenne de $\frac{48}{100}$ à $\frac{68}{100}$ d'once
par quintal, ou 0,0005 à 0,0004. Ces minerais sont donc au-
jourd'hui très-pauvres : ils ont perdu leur richesse à mesure
que les travaux souterrains sont devenus plus profonds. Mais le
produit des mines n'a pas diminué dans la même proportion,
l'abondance ayant suppléé à la richesse ; et si la montagne
du *Potosi* n'est plus comme autrefois le gîte de minerai

le plus riche du monde, on peut cependant encore la placer immédiatement après le fameux filon de *Guanaxuato*. Le minerai est en filons dans un schiste argileux primitif, qui constitue la masse principale de la montagne, et qui est recouvert par une couche de porphyre argileux. Ce dernier couronne la cime et lui donne la forme d'une colline basaltique. Les filons sont très-nombreux: plusieurs, près de leur affleurement, étoient presque entièrement composés d'argent sulfuré, d'argent antimonié sulfuré, et d'argent natif. D'autres qui n'offroient près de la surface que de l'étain sulfuré, se sont enrichis dans la profondeur. En 1790, on connoissoit dans la vice-royauté de Buénos-Ayres sept mines de cuivre, sept de plomb et deux d'étain; ces dernières ne sont que des lavages de sables qui se trouvent près d'*Oruro*.

Sur le revers opposé de la chaîne, dans une plaine basse, déserte, et entièrement dépourvue d'eau, qui avoisine le port d'Iquique et fait partie du Pérou, se trouvent les mines d'argent de *Huantajaya*, célèbres par les grandes masses d'argent natif qu'on y rencontre quelquefois. En 1758, on en découvrit une pesant huit quintaux.

M. de Humboldt cite quarante cantons du Pérou comme étant aujourd'hui les plus célèbres par les exploitations souterraines d'or et d'argent. Celles d'or se trouvent dans les provinces de *Huailas* et de *Pataz*; l'argent est principalement fourni par les districts de *Huantajaya* (déjà cité), de *Pasco* et de *Chota*, qui l'emportent de beaucoup sur les autres par l'abondance de leurs minerais.

Les mines d'argent du district de *Pasco* sont situées à environ 30 ou 40 lieues N. de Lima, à 10° ½ de latitude australe, à 4000 mètres au-dessus de la mer, sur la pente orientale des Cordilières, et près des sources du fleuve des Amazones. Elles ont été découvertes en 1630. Ces mines, et surtout celles du *Cero de Yauricocha*, sont les plus riches de tout le Pérou actuel. Le minerai est une masse terreuse, de couleur rouge, contenant beaucoup de fer, et mélangée de particules d'argent natif, d'argent muriaté, etc.; ou un *pacos*. On ne recueilloit au commencement que ces *Pacos*, et on a jeté dans les déblais beaucoup de cuivre gris et d'argent antimonié sulfuré! le produit moyen de tous les minerais est de $\frac{12,50}{1}$, ou 1 onc. 28 par quintal, quoiqu'il s'en trouve qui donnent 30 ou 40 pour cent. Ces riches dépôts ne paroissent pas se prolonger à une grande profondeur; on 'ne les a pas suivis à plus de 120 mètres, et la plupart des travaux sont à 30 ou 40. Il y a vingt ans, ces mines qui produisoient près de deux millions de piastres par an, étoient les plus mal exploitées de l'Amérique espagnole. On avoit criblé le sol, sans aucun ordre, d'une quantité de puits. L'épuisement des eaux se faisoit à bras d'hommes, et étoit extrêmement dispendieux. En 1816, des Européens parmi lesquels on remarquoit surtout des mineurs du Cornouailles ont établi, pour épuiser les eaux des plus importantes de ces mines, des machines à vapeur à haute pression apportées d'Angleterre, qui occasionneront sans doute dans leur exploitation une heureuse révolution.

Les mines de la province de Chota sont situées à environ 7.° de latitude australe. Les principales sont celles de *Gualgayoc*, près de *Mecuicampa*, découvertes en 1771; leur affleurement se trouve à la hauteur de 4100 mètres au-dessus de la mer: la ville de Mecuicampa elle-même est à 3618 mètres, c'est-à-dire plus haut que les cimes les plus élevées des Pyrénées: aussi le climat y est-il très-froid et très-désagréable. Le minerai est un mélange d'argent sulfuré et d'argent antimonié-sulfuré, avec argent natif. Il constitue des filons dont la partie supérieure est formée de pacos, et qui traversent tantôt un calcaire, tantôt un hornstein qui y forme des couches subordonnées. Le produit annuel de ces mines est de 67,000 marcs d'argent.

Dans les districts de *Huailas* et de *Pataz*, qui sont peu éloi-

gués des deux derniers, on exploite des mines d'or. On retire
ce métal de filons de quarz, qui traversent des roches primitives. Le district de Huailas contient en outre des mines
de plomb. Le Pérou renferme aussi quelques mines de cuivre.

La mine de mercure de *Huancavelica*, la seule mine importante de cette espèce, qui ait été exploitée dans le Nou-
veau-Monde, se trouve sur le flanc oriental des Andes du
Pérou, à 13° de latitude australe, et à 5752^m au-dessus de la mer.
Elle ne paroit pas se rapporter à la classe de gîtes auxquels
cette partie de notre article est destinée. Des indices de gîtes
de mercure ont été observés en plusieurs autres points des
Andes du Pérou septentrional, et du midi de la Nouvelle-
Grenade.

Enfin on connoît au Pérou des mines de sel gemme, notamment près des mines d'argent de *Huantajaya*.

A partir du district de Chota, les Cordilières sont très-peu
riches en gîtes métallifères jusqu'à l'isthme de Panama, et même
bien au-delà. Le royaume de la Nouvelle-Grenade n'offre qu'un
très-petit nombre de mines d'argent. Il existe quelques filons
aurifères dans la province d'Antioquia, et dans les montagnes
de Guamoco. La province de Caracas, dont les montagnes
peuvent être considérées comme un rameau des Cordilières,
présente à *Aroa* une mine de cuivre qui fournit annuellement 7 à
800 quintaux métriques de ce métal. Enfin nous dirons en passant
qu'il existe une mine de sel très-abondante à *Zipaquira* dans
la province de Santa-Fé, et qu'entre ce point et la ville de
Santa-Fé-de-Bogota, on voit une couche de combustible fossile
à la hauteur extraordinaire de 2500 mètres.

Quoique le Mexique présente une grande variété de gîtes
de minerais, on s'y borne presque uniquement à l'exploitation
des mines d'argent. Ces mines sont presque toutes situées sur le
dos ou sur les flancs des Cordilières, surtout à l'ouest de la
chaîne, à peu près à la hauteur du grand plateau qui traverse
ce pays, ou un peu au-dessus de son niveau dans les chaînes qui

le partagent. Elles se trouvent en général entre 1800 et 3000 mètres au-dessus de la mer ; cette grande élévation est très-avantageuse à leur prospérité, parce que, sous cette latitude, on y jouit d'une température moyenne très-douce, très-salubre et très-favorable à l'agriculture. On connoit aujourd'hui dans la Nouvelle-Espagne 4 à 5000 gîtes de minerai exploités. Les travaux forment 3000 mines distinctes qui se trouvent réparties autour de 500 chefs-lieux ou *Réales*. Ces mines sont loin d'être distribuées uniformément sur toute l'étendue des Cordilières. On peut les considérer comme formant huit groupes qui n'embrassent pas à eux tous une superficie de plus de 12000 lieues carrées, ce qui n'est guère que la dixième partie de la surface du Mexique.

Ces huit groupes sont en allant du sud au nord.

1.º *Le groupe d'Oxaca*, il est situé dans la province de ce nom à l'extrémité méridionale du Mexique proprement dit, vers le 17.ᵉ degré de latitude boréale. Outre des mines d'argent, il contient les seuls filons d'or exploités au Mexique. Ces filons traversent du gneiss et du schiste micacé.

2.º *Le groupe de Tasco*. La plupart des mines qui le composent sont situées à 20 ou 25 lieues au S. O. de Mexico, vers la pente occidentale du grand plateau.

3.º *Le groupe de la Biscania* à environ 20 lieues N. E. de Mexico. Il est peu étendu, mais il comprend les riches exploitations de *Pachuca*, *Real del monte*, *Moran*. Le district de *Real del monte* ne contient qu'un seul filon principal nommé *veta Bezicana du Real del monte*, sur lequel il y a plusieurs exploitations, cependant il est compté parmi les plus riches du Mexique.

4.º *Le groupe de Zimapan*. Il est très-rapproché du précédent, à 40 lieues environ N. O. de Mexico, vers la pente orientale du plateau. Outre de nombreuses mines d'argent, il renferme des gîtes de plomb abondans, et des mines d'arsenic sulfuré jaune.

5.º *Le Groupe central*, dont le point principal est *Guana-*

xuato, ville de 70,000 habitans, située à son extrémité sud , et à 60 lieues N. N. O. de Mexico. Il comprend , entre autres , les fameux districts de mines de *Guanaxuato*, *Catorce*, *Zacatecas*, *Sombrerete*, les plus riches du Mexique, et qui fournissent à eux seuls plus de la moitié de tout l'argent que ce royaume met en circulation.

Le district de *Guanaxuato* ne présente qu'un seul filon principal appelé la *Veta Madre*. Ce filon est encaissé principalement dans du schiste argileux, aux couches duquel il est parallèle , mais dont on le voit sortir pour couper des roches plus modernes. Il se compose de quarz, de chaux carbonatée , de fragmens de schiste argileux, etc., et renferme beaucoup de sulfures de fer, de plomb et de zinc, d'argent natif, d'argent sulfuré et d'argent rouge ; sa puissance est de 40 à 45 mètres. Il est reconnu et exploité sur une longueur de 12700 mètres, et contient 19 exploitations qui produisent annuellement pour près de trente millions de francs d'argent. L'une d'elles, celle de *Valenciana* , en produit pour 8 millions ; ce qui fait $\frac{1}{15}$ du produit total des 3000 mines du Mexique. Depuis 1764, époque de sa découverte, son produit net annuel n'a jamais été au-dessous de 2 à 3 millions de francs, et ses propriétaires, d'abord peu fortunés , sont devenus en dix ans les plus riches particuliers du Mexique , et peut-être de toute la terre. Les travaux de cette mine sont fort étendus et pénètrent à 514 mètres de profondeur. Ils occupent un très-grand nombre d'ouvriers.

Le district de *Zacatecas* ne présente également qu'un seul filon qui se trouve dans la grauwacke, et qui, de même, donne lieu à plusieurs exploitations.

Les gîtes exploités à *Catorce* sont dans un calcaire ; la mine dite Purissima de Catorce a été exploitée jusqu'à environ 600 mètres de profondeur ; elle rendit en 1796 à peu près 5,550,000 fr. Il y a aussi dans le district de Catorce des mines d'antimoine.

Vers la partie occidentale du groupe dont nous parlons,

on exploite des mines de cuivre dans les provinces de Valladolid et de Guadalaxara; les minerais sont principalement composés de cuivre oxidulé, de cuivre sulfuré et de cuivre natif. Ces mines produisent environ 2,000 quintaux métriques de cuivre par an. On recueille aussi dans ce district des minerais d'étain dans des terrains d'alluvion, particulièrement près du mont Gigante. L'étain oxidé concrétionné, si rare en Europe, est ici la variété la plus commune. Ce métal s'y trouve en outre en filons.

La partie centrale du Mexique contient beaucoup d'indices de mercure sulfuré; mais en 1804 on ne l'exploitoit qu'en deux endroits, et foiblement.

6.° *Le groupe de la Nouvelle-Galice.* Il est situé dans la province de ce nom à environ 100 lieues N. O. de Mexico. Il comprend les mines de *Balanos*, l'un des districts les plus riches.

7.° *Le groupe de Durango et de Sonora*, dans les intendances du même nom. Il est très-étendu; les mines sont situées en partie sur le plateau, et en partie sur la pente occidentale. Durango est à 140 lieues N. N. O. de Mexico.

8.° *Le groupe de Chihuahua.* Il tire son nom de la ville de Chihuahua, située à 100 lieues N. de Durango; il est extrêmement étendu, mais peu productif. Il se termine à 29° 10' de latitude boréale.

Le Mexique possède en outre plusieurs mines qui ne se trouvent pas comprises dans les huit groupes précédens. Ainsi le *nouveau royaume de Léon* et la province du *nouveau Saint-Ander* présentent des mines de plomb abondantes. Le nouveau Mexique contient des mines de cuivre, etc.

Enfin on exploite du sel gemme en plusieurs points de la Nouvelle Espagne, et il paroit qu'il existe de la houille au nouveau Mexique.

La richesse des divers districts de mines d'argent ou *Réales* est extrêmement inégale. Les $\frac{12}{20}$ de ces *réales* ne fournissent pas à eux tous plus de $\frac{1}{12}$ du produit total. Cette inégalité est due à l'excessive richesse de quelques gîtes. Les gîtes de minerai du Mexique sont principalement des filons; les couches et les amas sont rares. Les filons traversent principalement et peut-être uniquement des roches primitives et de transition parmi lesquelles on remarque surtout certains porphyres comme très-riches en dépôts argentifères et aurifères. Les minerais d'argent sont principalement de l'argent sulfuré, de l'argent antimonié sulfuré noir, de l'argent muriaté et du cuivre gris. Beaucoup d'exploitations ont pour objet des minerais terreux, appelés *Collorados* semblables aux *Pacos* du Pérou. Enfin il y a des minerais d'autres métaux qui sont exploités principalement, et quelquefois exclusivement, pour l'argent qu'ils contiennent: tels sont le plomb sulfuré argentifère, le cuivre sulfuré argentifère, et le fer sulfuré argentifère. On trouve au Mexique des minerais d'une très-grande richesse; mais la richesse moyenne n'est que de trois à quatre onces au quintal, ou 0,0018 à 0,0025. Il y a même des personnes qui ne la portent qu'à deux onces et un cinquième; presque tous les filons argentifères contiennent un peu d'or, l'argent de Guanaxuato en renferme $\frac{1}{365}$. L'énorme produit des mines du Mexique est dû bien plutôt à la grande facilité de leur exploitation et à l'abondance des minerais, qu'à leur richesse intrinsèque.

L'art des mines est peu avancé dans ce pays; les exploitations présentent une réunion de petits ouvrages dont chacun n'a qu'une ouverture par en haut, sans aucune communication latérale; la forme de ces ouvrages est trop irrégulière pour qu'on puisse les appeler ouvrages à gradins. Les puits et les galeries sont beaucoup trop larges. Le transport intérieur des minerais se fait à dos d'hommes, et rarement avec des mulets. Les machines d'extraction et d'épuisement sont en général mal combinées, et les baritels à chevaux qui les mettent en jeu, mal construits. Le cuvelage des puits est très-peu

5.

soigné; les muraillemens seuls sont bien exécutés. Il y a quelques galeries d'écoulement, mais elles sont en trop petit nombre et mal dirigées. Dernièrement des capitalistes et des mineurs anglois ont formé des associations pour l'exploitation des mines d'argent du Mexique , dans lesquelles ils produiront probablement une révolution avantageuse.

Les minerais d'argent de l'Amérique espagnole sont traités , partie par la fonte , partie par l'amalgamation , et plus souvent par ce dernier mode que par le premier : aussi l'importation du mercure y forme-t-elle un objet de la plus haute importance , surtout depuis que la mine de *Huancavelica* s'est éboulée , et a cessé d'être exploitée.

Cette mine est la seule de l'Amérique espagnole qui appartienne au gouvernement.

Voici, d'après les indications de M. de Humboldt fondées en grande partie sur des documens officiels, quel étoit au commencement de ce siècle le produit annuel des mines d'argent de l'Amérique espagnole :

Mexique......	2,196,140 marcs ou	537,512 kil.. valant	119,447,000 fr.
Pérou........	573,958.......	140,478..........	31,215,500 fr.
Buenos-Ayres..	463,098.......	110,764..........	24,614,200 fr.
Chili........	25,957.......	6,827..........	1,517,100 fr.
Total........	3,259,153 marcs..	795,531 kil.. val..	176,793,800 fr.

Pour achever de présenter le tableau des richesses minérales de l'Amérique espagnole , il nous resteroit à parler de ses principales mines d'or; mais ces mines appartiennent à une classe bien différente de celle qui nous occupe en ce moment, puisqu'elles consistent en lavages de sables d'alluvion. Les plus importans de ces lavages sont établis sur le versant occidental des Cordilières, savoir, dans la Nouvelle-Grenade , depuis la province de Barbacoas, jusqu'à l'isthme de Panama, au Chili et sur les rivages de la mer de Californie. Il en existe aussi sur le versant oriental des Cordilières, dans la haute vallée du fleuve des Amazones. Les lavages de la Nouvelle-Grenade produisent en même-temps du platine.

Les mines proprement dites et les lavages de l'Amérique espagnole produisent ensemble 42,575 marcs, ou 10,418 kilogrammes d'or ayant une valeur de 35,893,000 fr.

Mines de la Hongrie.

Les mines métalliques de ce royaume, y compris celles de la *Transylvanie* et du bannat de *Temeschwar*, forment quatre groupes principaux, que nous désignerons par les noms de groupe du N. O., groupe du N. E., groupe de l'E., et groupe du S. E.

Le groupe du N. O. embrasse les districts de *Schemnitz*, de *Kremnitz*, de *Kœnigsberg*, de *Neusohl* et les environs de *Schmœlnitz*, *Bethler*, *Rosenau*, etc.

Schemnitz, ville libre royale de mines, et principal centre des mines de la Hongrie, se trouve à 25 lieues au nord de Bude, à 518 mètres au-dessus de la mer, au milieu d'un groupe de petites montagnes couvertes de forêts. La plupart de ces montagnes, dont la plus haute s'élève à 1045 mètres au-dessus de l'Océan, sont formées de trachytes stériles; mais à leur pied, au-dessous de la formation trachytique, on voit paroître un terrain composé de grunsteins porphyriques le plus souvent verts, qui se lient à des syenites, passant au granite et au gneiss, et renfermant des couches subordonnées de micaschite et de calcaire. C'est dans ce terrain que se trouvent réunies toutes les mines. On sait depuis long-temps que les grunsteins porphyriques de Schemnitz, ont de grands rapports avec les porphyres métallifères de l'Amérique espagnole. M. Beudant, en les comparant à ceux que M. de Humboldt a rapportés de Guanaxuato de Real del Monte, etc., a reconnu que l'identité se soutient jusque dans les moindres détails de couleur, de structure, de décomposition, de situation respective des diverses variétés, et jusque dans le caractère empirique de l'effervescence avec les acides. Le terrain métallifère ne se montre à Schemnitz que dans un espace peu étendu, compris en partie dans un petit bassin dout la ville occupe le bord méridional. Il est traversé de filons qui, le plus souvent, coupent la stratification, mais qui quelquefois aussi lui sont sensiblement parallèles. Ces filons sont en général très-puissans; leur épaisseur va souvent jusqu'à 40 mètres, mais leur étendue en longueur paroît être en général peu considérable. Ils sont nombreux et parallèles entre eux. Il paroît qu'ils n'ont pas de salle-bandes, et que la masse métallifère repose immédiatement sur les tranches de la roche, qui est ordinairement plus ou moins altérée, et renferme toujours beaucoup de pyrites près du point de contact, et même jusqu'à plusieurs pieds de distance. Les substances qui constituent la masse de ces filons, sont du quarz drusique, du quarz carié, de la chaux carbonatée ferrifère et de la baryte sulfatée, avec lesquels on trouve de l'argent sulfuré mêlé d'argent natif, et renfermant plus ou moins d'or, qui est rarement en lamelles visibles, de l'argent sulfuré, de la galène argentifère, de la blende, des pyrites de cuivre et de fer, etc. L'argent sulfuré et la galène sont les deux minerais les plus importans. Tantôt ces deux substances sont isolées, tantôt elles sont mélangées de diverses manières, de façon à donner des minerais de toutes les richesses, depuis ceux qui rendent 60 pour cent d'argent, jusqu'à la galène la plus pauvre. L'or se trouve rarement seul ; il accompagne généralement l'argent dans une proportion qui varie beaucoup, mais qui, le plus souvent, approche de celle de 1 à 3o.

Les minerais de Schemnitz sont tous traités par la fusion ; les galènes pauvres le sont à la fonderie (*bley hutte*) de Schemnitz, et le plomb qui en provient est envoyé comme plomb d'œuvre aux usines de *Kremnitz*, *Neusohl* et *Schernowitz*, auxquelles on porte pour y être fondus tous les minerais d'argent préparés dans les différens points de la contrée.

Les mines de *Schemnitz*, ouvertes depuis environ huit siècles, sont exploitées jusqu'à plus de 320 mètres de profondeur ; les travaux sont généralement très-bien conduits. De belles galeries d'écoulement ont été ouvertes ; les eaux motrices sont recueillies et employées avec art. On remarque cependant que ces mines commencent à déchoir de l'état prospère dans lequel elles se trouvoient il y a un certain nombre d'années, ce qui tient peut-être à ce qu'on ne donne plus le même soin à l'instruction des officiers chargés de les diriger. Marie-Thérèse établit en 1760 à Schemnitz une école des mines qui, à sa naissance, avoit acquis par toute l'Europe une grande célébrité qu'elle n'a pas su conserver.

Kremnitz se trouve à environ 5 lieues au N. N. O. de Schemnitz, dans une vallée bordée à droite par des coteaux formés de roches fort analogues aux roches métallifères de Schemnitz. Au milieu de ces roches on exploite des filons à peu près de même nature que ceux de Schemnitz ; seulement le quarz qui en forme la masse principale est plus abondant, et contient plus d'or natif; et on y trouve de l'antimoine sulfuré et de l'antimoine hydrosulfuré, qui n'existent pas à Schemnitz. Le terrain métallifère, assez peu étendu, est entouré par le terrain de trachyte qui le recouvre et qui forme à l'E. et à l'O. des montagnes considérables. La ville de Kremnitz est une des plus anciennes villes libres royales de mines de la Hongrie. On prétend qu'on y exploitoit déjà des mines du temps des Romains; mais ce sont les Allemands qui, depuis le moyen âge, ont donné à ces exploitations un grand développement. Il existe à Kremnitz un hôtel des monnoies où l'on transporte tout l'or et l'argent des mines de Hongrie pour y être soumis au départ, et où toutes les opérations chimiques, telles que la préparation des acides, etc., se font en grand.

Près de *Kœnigsberg*, petite ville libre royale de mines, qui se trouve à environ 6 lieues à l'O. de Schemnitz, on voit des mines jadis importantes, mais aujourd'hui moins remarquables par leurs produits que par leur nature. Les minerais consistent principalement en argent sulfuré aurifère ; on y trouve aussi de l'argent antimonié sulfuré, de l'argent sulfuré fragile, de l'or natif, de l'antimoine sulfuré, et une grande quantité de fer sulfuré en petits cristaux disséminés dans certaines parties de la roche. Cette roche, qui est feldspathique, est très-décomposée. Aucun des minerais n'y forme des filons nettement tranchés ; ils se trouvent seulement concentrés dans certaines portions dont la position est très-irrégulière et très-incertaine, mais qui ont cependant quelque chose de la marche des filons. Il y a des parties qui donnent des produits immenses, et d'autres qui paient à peine les frais d'exploitation. Les mineurs ont peu de données fixes pour la conduite des travaux, dont la disposition est très-irrégulière. M. Beudant conjecture que la roche métallifère de Kœnigsberg appartient à la formation trachytique ; il paroît cependant que beaucoup d'analogies la rapprochent des roches métallifères de Schemnitz.

A environ 6 lieues au N. N. E. de Schemnitz, sur les bords de la Gran, se trouve la petite ville de *Neusohl*, fondée par une colonie de mineurs saxons. Les montagnes qui l'entourent renferment des mines très-différentes de celles dont nous venons de parler. A *Herrengrund*, à 2 lieues de Neusohl, la grauwacke forme des montagnes assez élevées ; cette roche est recouverte par un calcaire de transition, et repose sur le schiste micacé. Les couches inférieures contiennent des bancs de minerais de cuivre qui consistent principalement en cuivre pyriteux. Le schiste micacé renferme aussi des masses de minerai qui paroissent y constituer des filons. On exploite ces minerais depuis le 15ᵉ siècle. Le cuivre qu'on en retire contient 6 onces d'argent par quintal. Près de *Libethen*, se trouvent, dans un calcaire qui se lie à celui de *Herrengrund*, ainsi que dans la grauwacke et le gneiss, des mines de cuivre, plomb, et zinc, qui ont eu jadis de l'importance, mais sont maintenant réduites à peu de chose. Près de la fonderie de *Tajova*, on a exploité de l'orpiment (arsenic sulfuré jaune) en filons dans le calcaire; il étoit accompagné de réalgar (arsenic sulfuré rouge).

A 15 ou 20 lieues à l'est de *Neusohl*, se trouve une contrée très-riche en mines de fer et de cuivre, situées principalement aux environs de *Bethler, Schmœlnitz, Gœlnitz, Einsiedel, Prakendorf, Rosenau, Zeleznick*, etc. Des schistes talqueux et argileux y forment la masse des montagnes qui contiennent aussi des roches amphiboliques. Les minerais s'y trouvent le plus souvent en couches. Ceux de fer sont du fer spathique, et surtout du fer hydraté, concrétionné et compacte. Ce dernier n'est quelquefois que du schiste argileux très-ferrugineux; l'un et l'autre sont accompagnés de fer oligiste et oxidulé. Ils alimentent un grand nombre d'usines à fer importantes. Le seul comté de *Gœmœr* en renferme vingt-deux; celui de *Zips* en contient aussi beaucoup. Les mines de cuivre se trouvent principalement aux environs de *Schmœlnitz* et de *Gœlnitz*. Le cuivre qu'on en obtient contient 6 à 7 onces d'argent au quintal. On voit à *Zalathna* une mine de mercure foiblement exploitée, et près de *Rosenau* une mine d'antimoine.

Pour achever l'énumération des richesses minérales de cette contrée, il ne nous resteroit à citer que les mines d'opales, des environs de *Czervenitza*, qui sont ouvertes dans le conglomérat trachytique.

Groupe du N. E. ou de Nagybanya. Les mines de ce groupe se trouvent dans une chaîne de montagnes assez considérable qui, partant des frontières de la Buchowine où elle se lie aux Karpaths, vient se perdre au milieu de la formation des grès salifères entre la *Theiss*, la *Lapos* et la *Nagy Szamos*, sur les frontières septentrionales de la Transylvanie. Ces montagnes sont en partie composées de roches analogues à celles de Schemnitz, traversées par des filons qui ont aussi beaucoup de ressemblance avec ceux de ce lieu célèbre. Sur ces filons, on a ouvert un grand nombre de mines, dont les plus importantes sont celles de *Nagybanya, Kapnik, Felsobanya, Miszbanya, Lapos-*

banya, *Olaposbanya*, *Ohlalapos*. Toutes ces mines produisent de l'or. Celles de Laposbanya donnent aussi de la galène argentifère; celles d'Olaposbanya contiennent du cuivre et du fer; celles de Kapnick, du cuivre. Celles de Felsobanya renferment du réalgar, et celles d'Ohlalapos de l'orpiment. Plusieurs produisent du manganèse et de l'antimoine sulfuré. Enfin, vers le nord, dans le comté de Marmarosh, on trouve l'importante mine de fer de *Borscha*, et sur les frontières de la Buchowine la mine de plomb de *Radna*, dans laquelle il existe aussi beaucoup de minerais de zinc.

Les mines qui composent le *groupe de l'E.* ou *d'Abrudbanya*, se trouvent presque toutes dans les montagnes qui s'élèvent dans la partie occidentale de la Transylvanie, entre la *Lapos* et la *Maros*, aux environs *d'Abrudbanya*. M. Beudant cite, dans cette contrée, des calcaires, des grès, des trachytes, des basaltes et des *syenit-porphyrs* qui paroissent très-analogues aux grunsteins porphyriques de Schemnitz. Il paroît que c'est principalement dans ces dernières roches que se trouvent les mines qui forment la richesse de cette contrée; mais il en existe aussi dans le micaschiste, dans la grauwacke, et même dans le calcaire. Les principales mines se trouvent à *Nagyag*, *Korosbanya*, *Vöröspatak*, *Boitza*, *Csertesch*, *Fatzbay*, *Almas*, *Porkura*, *Butschum* et *Stonischa*; il y a en tout quarante exploitations; toutes fournissent des minerais aurifères qui sont traités à la fonderie de *Zalathna*. Ces mines renferment aussi du cuivre, de l'antimoine et du manganèse. Elles sont célèbres par le tellure qu'on y trouve, et qu'elles produisoient exclusivement avant la découverte qu'on en a faite, il y a peu d'années, en Norwège. Les dépôts aurifères contenus dans le grunstein porphyrique sont souvent très-irréguliers. Quelquefois le mineur suit des filons de quelques lignes seulement de puissance, mais de part et d'autre, desquels la roche est décomposée jusqu'à une certaine distance, et contient une grande quantité de pyrites aurifères disséminées. Ces filons sont très-nombreux, et courent dans toutes sortes de directions. Les travaux sont souvent fort irréguliers et mal combinés. De toutes ces mines, celles de *Nagyag* sont les plus riches et les mieux exploitées. Les filons, qui sont nombreux, se trouvent en partie dans le syenit-porphyr, et en partie dans la grau-wacke. Le minerai aurifère est accompagné de galène, de réalgar, de manganèse, de fer et de zinc. La grauvacke contient des filons de réalgar. Il y a des mines de fer en bancs très-puissans, près de *Vayda-Huniad* et de *Gyalar*. On cite aussi dans ce pays des mines de cobalt.

Le groupe du S. E. ou *du Bannat de Temeschwar* se trouve dans les montagnes qui viennent barrer la vallée du Danube à Orschova, et que ce fleuve traverse dans une gorge étroite. Les mines dont il se compose, et dont les principales se trouvent à *Oravitza*, *Moldawa*, *Szaska* et *Dognaczka*, produisent principalement du cuivre argentifère qui contient un marc d'argent par quintal, et quelquefois un peu d'or. On y rencontre aussi des minerais de plomb, de zinc et de fer : elles sont célèbres par les beaux échantillons de cuivre carbonaté bleu, et divers autres minéraux qui en proviennent. Celle de *Moldawa* contient en outre de l'*orpiment*. Ces dépôts métal-liques sont en couches et filons; on en cite particulièrement en couches entre le micaschiste et le calcaire, quelquefois entre le calcaire et le syenit-porphyr. On connoît des filons bien pro-noncés dans le syenit-porphyr et dans le micaschiste. Le Bannat possède aussi des mines de fer importantes à *Dombrawa* et *Ru-chersberg;* près de Dombrawa, on trouve du mercure sulfuré. Ces contrées offrent aussi des mines de cobalt.

Les mines qui constituent les quatre groupes dont nous venons de parler ne sont pas les seules mines métalliques que possède la Hongrie. Quelques autres, mais en général de peu d'importance, se trouvent éparses dans diverses parties de ce royaume. On en cite plusieurs dans la partie des monts Kar-paths qui sépare la Transylvanie de la Moldavie et de la Valachie. Elles ont principalement pour objet l'exploitation de gîtes assez singuliers de galène.

Outre les mines, qui font l'objet de ce paragraphe, la Hongrie renferme quelques mines de houille, de nombreuses mines de sel gemme , et plusieurs dépôts de sables aurifères situés principalement sur les rives du *Danube*, de la *Marosch* et de *la Nera*.

Les mines du royaume de Hongrie produisent annuellement, suivant M. Héron de Villefosse, 5218 marcs ou 1277 kilogrammes d'or ayant une valeur de 4,399,410 fr. et environ 85 mille marcs ou 20,805 kilogrammes d'argent qui valent 4,633,302 fr. Les mines de la Transylvanie fournissent à peu près la moitié de la quantité d'or et $\frac{1}{17}$ de la quantité d'argent que nous venons de citer. Les autres mines de l'Europe produisent ensemble à peu près deux fois autant d'argent, mais seulement quelques marcs d'or. La Hongrie produit en outre 18 à 20 mille quintaux métriques de cuivre par an et beaucoup de fer.

On tire aussi de ses mines 3 à 4000 quintaux métriques de plomb; mais cette quantité n'excède guère les besoins des usines dans lesquelles on traite les minerais d'or et d'argent.

Mines des Monts Altaï.

A l'extrémité occidentale de la chaîne des monts Altaï, qui sépare la Sibérie de la Tartarie chinoise , il existe un grand nombre de filons métallifères sur lesquels on a établi, depuis 1742, plusieurs exploitations importantes. Elles constituent l'arrondissement de mines de *Kolywan*, celui des trois arrondissemens de ce genre existans en Sibérie qui est le plus riche en métaux précieux.

Ces mines sont ouvertes dans les terrains schisteux qui environnent au N. et à l'O. et au S. O. la croupe occidentale de la haute chaîne granitique dont ils sont séparés par des terrains composés d'autres roches primitives. Ces schistes alternent en quelques points avec des roches quarzeuses que M. *Renovantz* nomme hornstein, et avec du calcaire. Ils sont recouverts par un calcaire qui contient beaucoup d'ammonites. La région métallifère forme un demi-cercle dont les premières hautes montagnes occupent le centre.

L'exploitation la plus importante de ce pays est la mine d'argent de *Zméof* ou *Zmeinogarsk*, en allemand *Schlangenberg*, située au N. O. des hautes montagnes à 51°, 9′, 25″ de latitude boréale, et 79°, 49′, 50″ E. de Paris. Elle est ouverte sur un grand filon qui contient de l'or natif argentifère, de l'argent natif aurifère, de l'argent sulfuré, de l'argent muriaté, du cuivre gris, du cuivre sulfuré, du cuivre carbonaté vert et bleu, du cuivre oxidé rouge, du cuivre pyriteux, du plomb sulfuré et de grandes masses d'arsenic testacé, un peu argentifère. On y trouve aussi du zinc sulfuré, des pyrites de fer, et quelquefois des pyrites arsenicales. Ces divers minerais ont pour gangues de la baryte sulfatée, de la chaux carbonatée, du quarz, et rarement de la chaux fluatée. Le filon principal, qui est d'une grande puissance, est reconnu sur une longueur de plusieurs centaines de toises, et jusqu'à 96 toises de profondeur. Incliné d'environ 50° dans sa partie supérieure, il devient presque vertical à une certaine profondeur ; son toit est constamment formé de schiste argileux. Au mur ce schiste alterne avec du hornstein. Ce filon pousse des branches dans diverses directions, il est coupé par des filons stériles, et présente des étages successifs de richesse différente. Les premières années ont été les plus productives. les travaux commencés en 1745 ont été d'abord très-irréguliers, ce qui a eu des inconvéniens d'autant plus grands que la puissance du gîte est plus considérable. Il en est résulté des éboulemens qui ont fortement compromis l'exploitation de toute la partie supérieure. Les mineurs allemands que le gouvernement russe y a appelés, ont entrepris de régulariser les travaux qui sont toujours très-compliqués à cause de la puissance et de l'inclinaison du gîte. Ils y ont introduit la discipline établie dans les exploitations les plus célèbres de l'Allemagne. On a creusé une galerie d'écoulement de 585 toises de longueur.

Les autres mines d'argent les plus importantes de cet arrondissement sont celles de *Tcherepanofski*, à 3 lieues S. E. de Zméof, de *Smenofski*, à 10 lieues S. E., de *Nicolaïski*, à 20 lieues S. S. O., et de *Philipofski*, à 90 lieues S. E. du même lieu : cette dernière se trouve sur l'extrême frontière de la Tartarie chinoise. On ignore si la pente méridionale de la chaîne altaïque qui se trouve dans les possessions chinoises, contient des gîtes métallifères.

Les minerais extraits de ces diverses mines donnent moyennement par quintal une once d'argent qui contient 3 pour cent d'or. Leur produit annuel étoit vers 1786, d'après M. Patrin, de 3000 marcs ou 734 kilogrammes d'or ayant une valeur de 2,528,780 fr., et de 60,000 marcs ou 14100 kilogrammes d'argent qui valent 3,263,000 fr.

Les métaux précieux ne sont pas le seul produit de cet arrondissement. Il y existe une mine de cuivre importante à 15 lieues N. O. de Zméof, dans une chaîne de collines formées de roches granitiques, de schistes, de porphyres et de calcaire coquiller qui se perd dans la plaine. Le filon présente de la pyrite cuivreuse, du cuivre sulfuré et du cuivre natif disséminés dans les matières argileuses plus ou moins ferrugineuses et plus ou moins endurcies. Cette mine, qui porte le nom d'*Aleïski-Loktefski*, fournissoit annuellement, à l'époque de 1782, 1500 quintaux métriques de cuivre que l'on convertissoit en monnoie dans le pays même.

A *Tschakirskoy* sur les rives du Tscharisch, vers l'extrémité N. du demi-cercle métallifère dont nous avons parlé, on trouve une mine de cuivre et de plomb argentifères, ouverte sur un filon très-puissant, mais extrêmement court. Outre les minerais de plomb et de cuivre, contenant un peu d'argent, cette mine offre une grande quantité de calamine qui forme souvent de belles stalactites blanches ou vertes.

Le flanc nord des monts Altaï présente peu de mines. Il existe quelques filons de cuivre, à 200 lieues à l'E. de Zméof, près du lieu où le fleuve Janisseï sort des montagnes Saïanes qui sont une prolongation de la chaîne altaïque.

Il n'y a pas dans les monts Altaï de mine de plomb proprement dite : presque tout le plomb dont on a besoin pour le traitement des minerais d'argent et d'or est tiré de l'arrondissement de Nertchinsk, situé à 700 lieues de là sur les bords du fleuve Amour.

La première fonderie établie dans cet arrondissement étoit au milieu de la région métallifère à *Kolywan*, lieu dont il a tiré son nom. Elle a été supprimée à cause de la rareté des bois qui commencent à manquer dans les environs des mines. La principale fonderie est celle de *Bornaoul* sur l'Ob, à 50 l. N. de Zméof.

Mines des monts Oural.

Cette chaîne de montagnes, qui commence sur les bords de la mer Glaciale, et vient se terminer à 50 degrés de latitude au milieu des Steppes des *Kirguis*, après avoir formé sur une longueur de plus de 500 lieues la limite naturelle entre l'Europe et l'Asie, contient des gîtes de minerais très-riches et très-remarquables, qui ont donné naissance à des mines importantes de fer, de cuivre et d'or. Ces exploitations sont situées sur les deux versans, mais principalement sur celui qui regarde l'Asie, depuis les environs d'*Ekaterinbourg* jusqu'à 120 ou 130 lieues au N. de cette ville. Elles constituent l'arrondissement de mines d'Ekaterinbourg, l'un des trois que renferme la Sibérie.

Les mines de cuivre sont assez nombreuses, et situées presque toutes sur le revers oriental de la chaîne : elles sont ouvertes sur des filons d'une nature très-particulière , et qui , quoique très-puissans à la surface , ne se soutiennent pas à une grande profondeur. Ces filons sont en général remplis de matières argileuses, pénétrées d'oxide rouge de cuivre , et mêlées de cuivre carbonaté vert et bleu, de cuivre sulfuré et de cuivre natif. Les exploitations les plus importantes sont celles de *Tourinski* et de *Goumechefski*.

Les premières sont situées à 120 lieues N. d'Ekaterinbourg , vers le 60ᵉ degré de latitude à la base orientale des monts *Oural* , près des bords de la *Touria*. Elles sont au nombre de trois ouvertes sur un même filon qui se contourne autour d'un angle que la chaîne présente en cet endroit. Le terrain est composé d'un porphyre à base de cornéenne , de schiste argileux, et d'un calcaire blanc ou grisâtre qui forme le toit et le mur du filon. Le minerai rend 18 à 20 pour cent, et ces mines produisoient annuellement en 1786 10,000 quintaux métriques de cuivre.

La mine de *Goumechefski* se trouve à 12 ou 15 lieues S. O. d'*Ekaterinbourg* , près d'un lac bordé de montagnes primitives qui forment dans cette partie l'axe de la chaîne des monts *Oural*. Cette mine est célèbre par les belles malachites qu'on y trouve. Elle a fourni presque tous les beaux morceaux de cette substance , employés en bijouterie. Le filon , dont les parois sont calcaires , est vertical et dirigé du N. au S. Il ne s'enfonce pas à plus de 50 mètres , et est rempli d'une espèce de poudingue grossier à fragmens de roches primitives. Le minerai rend de 5 à 4 pour cent de cuivre, et la mine fournissoit, vers 1786, 20,000 quintaux métriques de ce métal , par an.

Les gîtes de minerai de fer se rencontrent en général à une certaine distance de l'axe de la chaîne centrale. Ceux du versant occidental se trouvent souvent dans un calcaire compacte gris, qui contient des entroques et d'autres pétrifications, et dont l'âge géologique n'a pas encore été fixé , mais qui paroît être beaucoup plus moderne que les roches de la chaîne centrale.

Les uns et les autres semblent former de larges filons qui s'é-
tendent peu en profondeur, ou plutôt remplir des cavités
irrégulières et peu profondes. Le minerai le plus commun
est le fer hydraté, hématite ou compacte, souvent mélangé
ou accompagné de manganèse hydraté, et quelquefois de
minerais de zinc, de cuivre et de plomb. On trouve aussi fréquemment du fer oxidulé doué du magnétisme polaire, particulièrement dans les mines du versant oriental sur lequel
on voit des montagnes entières d'aimant. Tous ces minerais qu'on trouve toujours mélangés avec une quantité plus
ou moins grande d'argile diversement colorée, sont exploités
à ciel ouvert, et le plus souvent sans faire usage de poudre,
ni même de coins de fer. Ils rendent rarement moins de 50
à 60 pour cent, et alimentent de nombreuses usines situées
sur les deux flancs de la chaîne, dont les plus anciennes ont été
établies dès 1628, et dont un grand nombre ne datent que du
milieu du 18e siècle. Les mines les plus célèbres sont celles de *Bal-
godat* et de *Keskanar* situées sur le versant oriental à 30 et à 50
lieues N. d'*Ekaterinbourg*. Dans les usines du versant oriental on
fabrique des ancres, des canons, des boulets, etc. Dans toutes on
fait une quantité considérable de fer en barres. Les produits des
usines du versant occidental sont immédiatement embarqués sur
les divers affluens du *Volga*, dont elles sont peu éloignées. Ceux
des usines du versant oriental sont transportés pendant l'hiver
sur des traîneaux jusqu'à ces mêmes affluens, en traversant
les cols peu élevés des monts Oural. La quantité de matières
fabriquées par les usines à fer des deux versans s'élevoit annuellement, vers 1790, à plus de 500,000 quintaux métriques. Ce
pays est un de ceux qui sont le plus favorisés par la nature pour
ce genre de production; de vastes dépôts d'excellens minerais
de fer s'y trouvant entourés par des forêts immenses de sapins,
de pins et de bouleaux, bois dont le charbon est éminemment
propre à la fabrication du fer.

Les mines de cuivre des monts Oural et la plupart des

mines et usines à fer font partie des propriétés de quelques particuliers qu'on peut citer au nombre des plus riches de l'Europe. Le gouvernement russe n'a négligé aucune des occasions de favoriser ces entreprises. Il a établi à *Tourinsky* une colonie considérable, et à *Irbitz* une foire qui est devenue célèbre.

Il n'existe dans les monts Oural qu'une seule mine d'or, celle de *Bérésof*, située à 5 lieues N. E. d'Ekaterinbourg, au pied des monts Oural du côté de l'Asie. Elle est célèbre par le plomb chromaté ou plomb rouge qu'on y a découvert en 1776, et exploité dans les années suivantes, et par quelques variétés rares de minéraux. Le minerai de Bérésof est un fer hydraté caverneux, offrant çà et là quelques petits cubes striés de fer hépatique, et accidentellement quelques pyrites; il contient 0,00005 d'or natif. Ce dépôt paroit avoir une grande analogie avec les dépôts de minerai de fer de la même contrée; il constitue un large filon dirigé du N. au S., encaissé dans un terrain de gneiss, de schistes amphiboliques et de serpentine, et qui ne paroit pas s'enfoncer à une grande profondeur : il s'appauvrit à mesure qu'on s'éloigne de la surface. L'exploitation qui se fait à ciel ouvert n'a pénétré qu'à 24 mètres; elle remonte à 1726. L'or est extrait du minerai par le bocardage et le lavage. En 1786 on en a obtenu 500 marcs; mais les années précédentes n'en avoient produit que 200, parce qu'on travailloit plus loin de la surface : on y a appelé des mineurs allemands pour diriger les travaux. On connoît en quelques points des monts Oural et des contrées voisines des dépôts d'argile aurifère, qui jusques ici n'ont pas été explcités (1).

On connoit dans ces montagnes des gîtes de fer chromaté.

---

(1) On annonce qu'on vient d'en découvrir dernièrement qui sont d'une étendue et d'une richesse surprenantes.

Les belles lames de mica, connues dans les collections, et même dans le commerce, sous le nom de mica de Russie, viennent des monts Oural. On en voit des exploitations près du lac *Tschebarkoul* sur le flanc oriental de cette chaîne. On tire du même canton une argile très-blanche qui paroit être un kaolin.

A 25 lieues N. d'Ekaterinbourg, près du bourg de *Mourzinsk*, on trouve dans un granite qui renferme du pegmatite ou granite graphique de nombreux filons qui contiennent des améthystes, diverses variétés d'émeraudes-béryls, des topazes, etc.

Mines des Vosges et de la Forêt-Noire.

Ces montagnes contiennent plusieurs centres d'exploitation de minerais de plomb et de cuivre argentifères, et de minerais de fer, et quelques mines de manganèse et d'anthracite.

A *La Croix-aux-Mines*, département des Vosges, on a exploité un filon de plomb argentifère, qui, après les filons de l'Amérique espagnole, est un des plus grands que l'on connoisse. Il a plusieurs toises de puissance, a été reconnu et exploité sur une longueur de plus d'une lieue; il est en partie rempli de débris parmi lesquels on trouve de la galène argentifère. Il contient aussi du plomb phosphaté, de l'argent antimonié sulfuré, etc. Il court du N. au S. à peu près parallèlement à la ligne de jonction du gneiss et d'un granite porphyroïde, passant à la syénite et au porphyre. En plusieurs points il coupe le gneiss, mais peut-être se trouve t-il quelquefois entre les deux roches. Il n'a jamais été exploité au-dessous de la vallée voisine. Les mines ouvertes sur ce filon produisoient, dit-on, à la fin du 16.ᵉ siècle, 750 mille francs par an; elles étoient encore très productives au milieu du siècle dernier, et elles ont livré en 1756 12,000 quintaux métriques de plomb, et 6000 marcs ou 1468 kilogrammes d'argent.

6.

Les filons exploités à *Sainte-Marie-aux-Mines* traversent aussi le gneiss ; mais leur direction est à peu près perpendiculaire à celle du filon de la Croix dont ils sont séparés par une montagne syénitique stérile. Ils contiennent, outre la galène, divers minerais de cuivre, de cobalt et d'arsenic, tous plus ou moins argentifères. On trouve aussi à peu de distance de Sainte-Marie-aux-Mines un filon d'antimoine sulfuré. Les mines de Sainte-Marie ouvertes depuis plusieurs siècles, sont au nombre des plus anciennes de France ; cependant elles n'ont été exploitées que jusqu'au niveau des vallons qui les avoisinent.

On a exploité aux environs de *Giromagny*, sur la croupe méridionale des Vosges, un grand nombre de filons contenant principalement des minerais de plomb et de cuivre argentifères. Ils sont dirigés à peu près du nord au sud, et traversent des porphyres et des schistes argileux, système qui a de l'analogie avec le terrain métallifère de Scheimnitz. Les travaux ont été poussés jusqu'à 400 mètres au-dessous de la surface. Ces mines ont été florissantes du 14.ᵉ au 16.ᵉ siècle, et le sont devenues de nouveau au commencement du 17.ᵉ, exploitées alors par la maison de Mazarin. En 1743 elles produisoient encore 100 marcs (23 à 24 kil.) d'argent par mois.

Les mines de *la Croix*, de *Sainte-Marie-aux-Mines* et de *Giromagny* sont abandonnées en ce moment; mais on espère que celles des deux premières localités seront reprises incessamment.

Dans les montagnes de la Forêt-Noire, séparées des Vosges par la vallée du Rhin, mais composées des mêmes roches, on trouve à *Badenweiler*, et près du *Hochberg*, non loin de Freyburg, des exploitations de plomb en grande activité; elles forment six mines distinctes et livrent annuellement 400 quintaux métriques de plomb et 200 marcs d'argent. Dans le Furstenberg, près de *Wolfach*, particulièrement à *Wittichen*, se trouvent des mines de cuivre, de cobalt et d'argent. Les mines de Wittichen produisoient, il y a quelques années, 1600 marcs ou près de 400 kilog. d'argent par année. Elles alimentent une fabrique de smalt et une fabrique de produits arsenicaux. On voit quelques autres mines peu considérables du même genre dans le grand-duché de Bade et dans le royaume de Wurtemberg.

On exploite dans les Vosges plusieurs mines de fer importantes ; les principales sont celles de *Framont* dans le département des Vosges, dont les minerais sont du fer oxidé rouge et de l'hématite brune, qui paroissent former des filons très-épais, très-ramifiés et très-irréguliers dans un terrain composé de grunstein, de calcaire et de grauwacke. Les travaux souterrains, ouverts sur ces gîtes, ont été jusqu'ici très-irréguliers. On a découvert dernièrement dans ces mines un filon de cuivre sulfuré extrêmement riche. A *Rothau*, un peu à l'E. de Framont, on exploite des filons minces de fer oxidé rouge, le plus souvent magnétique ce qui est probablement dû à un mélange de fer oxidulé. Ces filons traversent un granite passant à la syénite. Il existe à *Saulnot*, près de Belfort, des mines de fer analogues à celles de Framont. Aux environs de *Thann* et de *Massevaux*, et près des sources de la Moselle, on exploite aussi des filons de minerai de fer, qui traversent un terrain de grauwacke, de schiste argileux et de porphyre. Enfin, dans le nord des Vosges, près de *Bergzabern*, d'*Erlenbach* et de *Schœnau*, on a ouvert plusieurs mines sur des filons très-puissans d'hématite brune et de fer hydraté compacte, accompagnés d'un peu de calamine et de beaucoup de sable et de débris. Dans quelques points de ces filons, le minerai de fer est remplacé par divers minerais de plomb, dont le plus abondant est le plomb phosphaté, et qui sont exploités à *Erlenbach* et à *Katzenthal*. Ces filons traversent le grès des Vosges, formation dont la position géologique n'est pas entièrement connue, et qui présente encore des mines de fer analogues aux précédentes, à *Langenthal*, au pied du mont

Tonnerre, et dans le Palatinat. Beaucoup d'analogies portent à rapprocher du grès des Vosges les grès des environs de Saint-Avold (Moselle) qui renferment la mine d'hématite brune de *Creutzwald* et la mine de plomb de *Bleyberg*, laquelle par sa nature aussi bien que par son nom rappelle la mine de plomb de Bleyberg, près d'Aix la-Chapelle.

A *Cruttnich* et à *Tholey* au nord de *Sarrebrück*, on exploite des mines de manganèse renommées par la bonté de leurs produits. Le dépôt exploité à Cruttnich paroît être renfermé dans le grès des Vosges et y constituer un filon analogue aux filons de fer cités en dernier lieu.

On vient d'ouvrir une mine de manganèse à *Lavelline*, près de la Croix-aux-Mines, dans un terrain de gneiss de porphyre.

On connoît dans les Vosges et dans la Forêt-Noire, plusieurs dépôts d'anthracite dont deux sont en exploitation, l'un à *Zunswir*, près d'Offenbourg, dans le pays de Bade, et l'autre à *Uvoltz*, près de Cernay, dans le département du Haut-Rhin. Il existe aussi sur les flancs des Vosges plusieurs dépôts de véritable houille.

Mines du Hartz.

On appelle généralement *le Hartz* le pays de forêts qui s'étend à plusieurs myriamètres autour du *Broken*, montagne située à environ 9 myriamètres à l'O. S. O. de Magdebourg, et qui surpasse en hauteur toutes celles du nord de l'Allemagne ; elle s'élève à 1152 mètres au-dessus de la mer. *Le Hartz* a environ 7 myriamètres de longueur du S. S. E. au N. N. O., 5 myriamètres de large, et 12 myriamètres carrés de surface. Il est généralement montueux et couvert aux deux tiers de forêts de chênes, de hêtres et de sapins. Ce pays âpre et pittoresque correspond à une partie de la *Hercynia Sylva* de Tacite. L'agriculture y offre peu de ressources, et l'exploitation des mines est presque l'unique moyen de subsistance de ses habitans.

qui sont au nombre de 50,000 ; les villes principales , *Andreasberg* , *Clausthal* , *Zellerfeld* , *Altenau* , *Lauthenthal*, *Wildemann*, *Grund* et *Goslar* qui, portant le titre de villes de mines , et jouissant de priviléges particuliers , doivent toutes leur origine à l'exploitation des mines de plomb, argent et cuivre , sur lesquelles elles sont bâties.

La roche la plus répandue au Hartz est la grauwacke commune et schisteuse ; c'est elle qui encaisse les filons principaux ; elle est recouverte par un calcaire de transition , et le granite dont le Broken est formé supporte tout ce système , et semble en former le noyau ; des roches trapéennes, des hornfels, etc., se montrent en quelques points.

Les filons de plomb, argent et cuivre, qui forment la principale richesse du Hartz, ne le sillonnent pas dans toute son étendue. Ils se trouvent principalement près des villes d'*Andreasberg* , *Clausthal* . *Zellerfeld* et *Lauthenthal*. Ils sont généralement dirigés du N. O. au S. E., et plongent au S. O. en faisant avec l'horizon un angle de 80°.

Les mines les plus riches en argent sont celles des environs d'*Andreasberg* , parmi lesquelles on distingue surtout celles de *Samson* et de *Neufang*, qui sont exploitées jusqu'à 520^m de profondeur, et dans la première desquelles on voit le plus grand ouvrage à gradins qui se rencontre dans aucune mine. Il se compose de 80 gradins droits . et a plus de 600 mètres de longueur. Ces mines ont été découvertes en 1520, et la ville bâtie en 1521 , leur doit son origine ; elles produisent de la galène argentifère, des minerais d'argent proprement dits , tels que de l'argent rouge et du minerai de cobalt.

Le district qui donne le plus de plomb argentifère est celui de *Clausthal*. Il renferme un grand nombre de mines dont plusieurs sont exploitées jusqu'à 500 mètres de profondeur ; celles de ces mines qui sont encore aujourd'hui les plus productives , sont en exploitation depuis les premières années du 18.e siècle. Les deux plus remarquables sont la *mine de Dorothée* et la *mine de Caroline* qui donnent à elles seules une grande partie du produit net total. La concession de la mine de Dorothée s'étend sur une longueur de 237 mètres, suivant la direction du filon, et sur une largeur de 20 mètres perpendiculairement à cette direction. De cette étendue, qui paroît si petite, mais qui surpasse cependant celle de la plupart des concessions du Hartz, on a retiré, de 1709 à 1807 inclusivement, 838,722 marcs d'argent, 768,845 quintaux de plomb, et 2,385 quintaux de cuivre. Cette mine et celle de Caroline ont rapporté à leurs actionnaires, dans le même espace de temps, plus de 28 millions de francs, et ont en outre puissamment contribué par des prêts sans intérêt à entretenir l'exploitation des mines moins productives. C'est pour produire l'assèchement des mines du district de Clausthal, et de celles du district de Zellerfeld, qui en sont voisines, qu'on a creusé à la fin du 18.ᵉ siècle la grande galerie d'écoulement que nous avons citée à la fin de la partie technique.

Après les deux districts de *Clausthal* et *Zellerfeld*, et d'*Andreasberg*, vient celui de *Goslar*, dont l'exploitation la plus importante est la mine de cuivre du *Rammelsberg*, ouverte depuis l'an 968, sur un amas de pyrites cuivreuses, disséminées dans du quarz, et mélangées de galène et de blende. On l'exploite par puits et galeries en employant le feu pour l'attaque du minerai. Cette mine produit annuellement 12 à 1300 quintaux métriques de cuivre. La galène qu'on en tire produit une petite quantité d'argent et une très-petite quantité d'or. Cette dernière n'est que la cinq millionième partie de la masse exploitée, et cependant on trouve moyen de la séparer avec avantage. La mine de *Lauterberg* est exploitée uniquement pour le cuivre; elle en donne par an près de 300 quintaux métriques.

Outre les exploitations que nous venons de citer, on trouve dans diverses parties du Hartz un grand nombre de mines de fer qui alimentent des forges importantes, dans lesquelles

on compte vingt-un hauts fourneaux. Les minerais principaux sont du fer spathique et des hématites rouges et brunes
qui se trouvent en filons, couches et amas. On y recueille
aussi des minerais terreux et d'alluvion.

Le pays d'Anhalt-Bernbourg présente vers l'extrémité S. E.
du Hartz des mines de plomb et argent qui ont beaucoup de
ressemblance avec celles de cette contrée. Elles produisent annuellement 1500 quintaux métriques de plomb.

Il existe une mine de manganèse à *Ilefeld* au pied méridional du Hartz.

L'exploitation des mines du Hartz remonte à environ neuf
cents ans. L'époque de leur plus grande prospérité a été le
milieu du 18.ᵉ siècle. Leur produit brut annuel étoit en 1808
de 5 à 6 millions de francs. Le plomb est le produit principal. Elles livrent annuellement 50,000 quintaux métriques de ce métal, et 56,000 marcs, ou 8,500 kilogrammes
d'argent, 16 à 1700 quintaux métriques de cuivre, et une
grande quantité de fer. Elles sont renommées pour leur bonne
exploitation, et les mineurs du Hartz sont célèbres par leur
activité, leur patience et leur habileté.

Le Hartz est cité surtout pour la manière dont les eaux
sont recueillies et économisées pour le flottage des bois et le
mouvement des machines. On y a construit pour cet objet
des étangs, des canaux et des aqueducs d'une exécution re-
marquable. Les conduits d'eau sont pratiqués, soit à ciel ouvert, autour des montagnes, soit dans leur intérieur, comme
des galeries souterraines. Les conduits à ciel ouvert recueillent les eaux pluviales; celles qui proviennent de la fonte
des neiges, et celles des sources et de plusieurs ruisseaux
ou petites rivières qu'ils rencontrent. Les conduits souterrains sont en général la continuation des précédens dont ils
abrègent les circuits. Ces conduits présentent un développement total de 20 myriamètres. Les chaussées de plusieurs des
étangs sont d'une hauteur extraordinaire. Il y a dans le seul

district de Clausthal 54 étangs qui fournissent de l'eau à 9x roues, de 9 mètres de diamètre, dont 55 servent à l'épuisement des eaux, et 37 à l'extraction des minerais.

Mines de l'est de l'Allemagne.

Nous comprendrons dans ce paragraphe les mines ouvertes dans les terrains primitifs et de transition qui constituent le sol d'une grande partie de la Bohême et des parties adjacentes de la Saxe, de la Bavière, de l'Autriche, de la Moravie et de la Silésie.

Parmi les diverses chaînes de petites montagnes que présentent ces contrées, la plus riche en gîtes de minerai est celle connue sous le nom d'*Erzgebirge*, qui sépare la *Saxe* de la Bohême sur la rive gauche de l'Elbe.

L'*Erzgebirge* contient un grand nombre de mines dont les produits principaux sont l'*argent*, l'*étain* et le *cobalt*. Ces mines, dont l'exploitation remonte au douzième siècle, et particulièrement celles situées sur le versant septentrional qui fait partie de la Saxe, sont célèbres depuis long-temps. On considère comme la première du monde l'école des mines établie à *Freyberg*, petite ville qui se trouve près des exploitations les plus importantes à 8 lieues O. S. O. de Dresde, vers le milieu du versant N. de l'*Erzgebirge*, à 400 mètres au-dessus de la mer, dans une contrée agricole et commerçante, mais dépourvue de bois. Ces dernières circonstances ont influé sur les travaux des mines, et rendent difficile un parallèle exact entre elles et celles du Hartz, qui leur disputent le prix de la bonne exploitation. Elles sont particulièrement remarquables par la perfection avec laquelle sont exécutées les machines d'épuisement et les machines d'extraction, toutes mues par l'eau ou par des chevaux, par la régularité de presque tous les travaux souterrains, et par la beauté des muraillemens qu'on y rencontre. Dans la partie de ces montagnes, qui appartient à la Saxe, les travaux souterrains occupent directement 9 à 10,000 hommes qui travaillent dans plus de 400 mines distinctes, coordonnées à un même ensemble d'administration.

Les mines d'argent de l'*Erzgebirge* sont ouvertes sur des filons qui traversent le gneiss, et qui, bien différens en cela des filons argentifères de *Guanaxuato*, de *Schemnitz* et de *Zméof*, ne présentent qu'une puissance assez foible qui ne dépasse jamais quelques pieds. Elles forment plusieurs groupes dont l'importance respective a beaucoup varié.

Depuis long-temps celles des environs de *Freyberg* sont de beaucoup les plus productives, et leur prospérité va toujours en croissant malgré l'augmentation de la profondeur. La plus profonde de toutes est celle de *Kühschacht*, qui va jusqu'à 414 mètres au-dessous de la surface, c'est-à-dire à peu près jusqu'au niveau de la mer. La plus productive et la plus célèbre est celle de *Himmelsfürst*; celle de *Beschertglück* est aussi très-riche.

Parmi les exploitations de l'Erzgebirge, il n'en est pas qui aient été jadis plus florissantes que celles de *Marienberg*, petite ville située à 7 lieues S. S. O. de *Freyberg*. Au 16.ᵉ siècle on y a trouvé souvent, et quelquefois à peu de distance de la surface, des minerais qui donnoient 0,85 d'argent. Les malheurs de la guerre de Trente Ans ont mis un terme à leur prospérité. Depuis cette époque elles ont toujours langui, et leur produit est aujourd'hui presque nul.

Les bornes de cet ouvrage ne nous permettent pas de faire connoître avec détail les mines d'argent qu'on trouve près d'*Ehrenfriedersdorf*, de *Johann-Georgenstadt*, d'*Annaberg*, d'*Oberwiesenthal* et de *Schneeberg*. Celles des trois dernières localités produisent aussi du cobalt. Les mines de *Saint-Georges* près *Schneeberg*, ouvertes dans le 15.ᵉ siècle comme mines de fer, ont été célèbres quelque temps après comme mines d'argent. On y trouva vers la fin du 15.ᵉ siècle une masse de minerai qui donna 400 quintaux de ce métal, et sur laquelle le duc Albert de Saxe alla tenir table au fond de la mine. Ensuite leur richesse en argent diminua; mais elles sont devenues plus importantes depuis deux cents ans, comme mines de cobalt, qu'elles ne l'avoient jamais été comme mines d'argent. La Saxe est le pays où le cobalt est exploité et travaillé de la manière la plus étendue. On le retire des mêmes filons que l'argent. On en fabrique principalement du *smalt* ou bleu de cobalt. Le plomb et le cuivre ne sont dans ce pays que des produits accessoires des mines d'argent desquelles on retire 500 quintaux métriques du premier de ces métaux, qui suffisent à peine pour les opérations métallurgiques, et 2 à 300 quintaux métriques du second. On retire un peu de bismuth de celles de Schneeberg et de Freyberg. On trouve du manganèse dans les mines d'argent de l'Erzgebirge, et particulièrement à Johann-Georgenstadt.

Les mines de Saxe produisent un peu de galène argentifère et de cuivre gris argentifère; mais les minéraux dont l'argent est la base, constituent les minerais principaux. Ils sont traités en grande partie par l'amalgamation. Tous ceux de Freyberg sont portés à la belle usine de *Halsbrück*, située sur la Mulde près de cette ville. La richesse moyenne des minerais d'argent de toute la Saxe, n'est que de 3 à 4 onces par quintal, c'est-à-dire à peu près égale à celle des minerais du Mexique et très-supérieure à la richesse actuelle des minerais du Potosi. L'argent qu'on en retire contient un peu d'or; les mines de Saxe produisent annuellement 52 mille marcs d'argent. Le district de Freyberg en fournit à lui seul 46 mille; et parmi les nombreuses mines de ce district, celle de *Himmelsfürst* seule produit 10 mille marcs.

Il existe aussi des mines d'argent sur le penchant méridional de l'Erzgebirge, qui appartient à la Bohème, à *Joachimsthal* et à *Bleystadt*, au N. E. d'Eger. On en retire principalement de la galène argentifère. Les mines de Joachimsthal ont été exploitées jusqu'à 600 mètres de profondeur. Elles ont été jadis très-florissantes ; mais en 1805 elles étoient menacées d'un prochain abandon. Les anciennes mines de *Küttenberg*, situées dans la même contrée, ont-été approfondies, au rapport d'Agricola, jusqu'à mille mètres de la surface du sol.

Le versant méridional de l'Erzebirge possède des mines de cobalt comme le versant septentrional ; mais elles sont d'une moins grande importance. On en trouve particulièrement aux environs de Joachimsthal. Enfin, sur le même versant, on cite des mines de cuivre peu productives à *Gröslitz*, près Joachimsthal, à *Catherineberg*, à 8 lieues N. de Saatz, et à *Kupferberg* qui se trouve entre les deux. A *Gröslitz*, le minerai est une pyrite cuivreuse accompagnée de blende. Les minerais de Catherineberg sont argentifères.

Après les mines d'argent, les exploitations les plus importantes de l'Erzgebirge sont celles d'étain. Ce métal s'y trouve en filons, en amas, et disséminé dans des masses d'hyalomicte (greisen), intercalées dans le granite. On le trouve aussi dans des sables d'alluvion. La plus importante des mines d'étain de l'Erzgebirge est celle d'*Altenberg* en Saxe, qui est en exploitation depuis le 15.ᵉ siècle. On en exploite aussi près de *Gayer*, d'*Ehrenfriedersdorf*, de *Johann-Georgenstadt*, de *Scheibenberg*, d'*Annaberg*, de *Seiffen*, et de *Marienberg*, en Saxe ; à *Zinnwald*, dont le district stannifère appartient en partie à la Saxe, et en partie à la Bohème ; et enfin on en trouve d'importantes dans ce dernier pays, à *Schlackenwald* (1) et à *Abertham*, et de peu productives, à *Platten* et à *Joachimsthal*. Dans plusieurs de ces mines, particulièrement à *Altenberg* et à *Gayer*, on fait usage du feu pour l'attaque du minerai qui est extrêmement dur. Dans presque toutes on a pratiqué de trop vastes chambres qui ont donné lieu, à diverses époques, à de fâcheux éboulemens.

----

(1) Les mines de Schlakenwald ne se trouvent pas précisément dans l'ErzGEBIRGE, mais dans les montagnes qui bordent plus au midi la rive droite de l'Eger.

On en voit encore une à Altenberg, qui a 120 mètres de haut sur 40 à 50 de large. Les mines d'*Abertham* sont exploitées jusqu'à 500 mètres de profondeur, et celles d'Altenberg jusqu'à 300. Les mines d'étain de l'*Erzgebirge* produisent annuellement 2200 quintaux métriques de ce métal.

Les minerais d'étain sont accompagnés de pyrites arsenicales qui, dans le grillage qu'on leur fait subir, produisent une certaine quantité d'oxide d'arsenic.

L'Erzgebirge présente aussi un grand nombre de mines de fer, particulièrement en Saxe à *Rodenberg* près Cradorf, dans le comté de Henneberg, où les travaux pénètrent à 200 mètres de profondeur, et en Bohème, à *Platten*, où on remarque surtout les grandes exploitations ouvertes dans le filon de l'*Irrgang*.

On voit encore dans l'Erzgebirge une mine d'anthracite à *Schœnfeld*, près de Frauenstein, en Saxe.

Les terrains anciens qui se montrent dans le reste de la Bohème et dans les parties adjacentes de la Bavière, de l'Autriche, de la Moravie et de la Silésie, sont beaucoup moins riches en métaux que ne l'est l'Erzgebirge. Il n'y existe pas d'exploitations d'une grande importance.

Le *Fichtelgebirge*, groupe de montagnes qui se trouve à l'extrémité occidentale de l'Erzgebirge entre Hoff et Baireuth, présente quelques mines parmi lesquelles on remarque principalement des mines de fer oxidulé magnétique.

On cite des mines de plomb argentifère à *Miess*, à 25 lieues O. S. O. de Prague, à la base N. E. de la partie occidentale du *Bömerwaldgebirge*, chaîne de montagnes qui sépare la Bohème de la Bavière. Il en existe aussi à *Prszibram*, à 12 lieues S. O. de Prague, à l'extrémité des montagnes qui séparent la *Beraun* de la *Moldau*. Dans ces dernières, la galène argentifère est accompagnée de blende, dans laquelle on a reconnu la présence du *cadmium*. Ces mines et celles de Joachimsthal et de Bleystadt, livrent annuellement aujourd'hui 1000 quintaux métriques de plomb, et 2 à 3 mille marcs d'argent. Le cercle de Beraun, au S. O. de Prague, contient des mines de mercure peu considérables. La partie orientale du *Bömerwaldebirge* qui sépare la Bohême de l'Autriche et de la Moravie, présente quelques mines sur son versant S. E. Celles des environs d'*Iglau* en Moravie, et quelques autres situées en Autriche produisent annuellement 4 à 5000 marcs d'argent. Les mines de ces deux pays produisent aussi du cuivre; plusieurs donnent des minerais de cuivre argentifère. La Moravie renferme beaucoup d'usines à fer, qui sont en partie alimentées par des minerais magnétiques analogues à ceux de la Suède.

Le versant N. E. du *Riesengebirge* (montagnes des Géants), qui sépare la Bohême de la Silésie, présente aussi plusieurs exploitations : on cite principalement les mines de cuivre argentifère de *Rudolstaldt* et de *Kupferberg* qui produisent annuellement plusieurs centaines de quintaux métriques de cuivre et 6 à 700 marcs d'argent, et la mine de cobalt de *Maria-Anna* près de *Querbach*, toutes dans le cercle de *Jauer*, et les mines de pyrites arsenicales de *Reichenstein*, dans le cercle de *Glatz*. Il existe une mine de chrysoprase dans la montagne de *Kosemütz*.

Mines du centre de la France.

Les terrains anciens et principalement granitiques, qui constituent le sol de plusieurs départemens du centre et du midi de la France, ne sont guère plus riches en exploitations que les contrées dont nous avons parlé à la fin du paragraphe précédent : on n'y voit jusqu'ici que des mines isolées dont un très-petit nombre présente quelque importance. Ces dernières se trouvent toutes vers le bord oriental de la masse des terrains anciens, dans une zone qui se distingue par une plus grande abondance de roches schisteuses.

A *Villefort* et à *Viallaz*, dans le département de la Lozère, et dans quelques lieux voisins, on exploite plusieurs filons de galène argentifère, qui traversent le gneiss et le granite. Ces mines, remarquables aujourd'hui par la régularité de leurs travaux, occupent trois cents ouvriers, et produisent annuellement environ 1000 quintaux métriques de plomb, et 1600 marcs d'argent.

La ville de *Vienne* en Dauphiné est bâtie sur une colline de gneiss séparée par le Rhône de la masse des terrains anciens, et dans laquelle se trouvent des filons de galène, aujourd'hui foiblement exploités. On voit d'autres mines de plomb moins importantes à *Saint-Julien-Molin-Molette*, département de la Loire, et à *Joux*, département du Rhône.

A *Chessy*, village situé à 7 lieues N. O. de Lyon, on trouve dans un schiste talqueux des veines très-étendues de pyrites cuivreuses peu riches, mais qui ont néanmoins été exploitées avec succès pendant la dernière partie du 18.ᵉ siècle, et les premières années de celui-ci. A cette époque on a trouvé dans un grès qui recouvre le schiste talqueux, et qui paroît se rapporter au grès rouge ou au grès bigarré, une couche contenant une grande quantité de cuivre carbonaté bleu et de cuivre oxidulé, à l'exploitation de laquelle on s'est principalement appliqué depuis. Il existe à *Saint-Bel*, à 2 lieues au sud de Chessy, un gîte de pyrites cuivreuses, pareil à celui de Chessy, qui a de même été exploité, mais qui ne l'est plus en ce moment.

On voit à *Romanèche*, dans le département de Saône et Loire, un gîte très-abondant de manganèse oxidé, qui paroît former un amas dans le granite, ou peut-être dessus; les travaux sont très-irréguliers.

A la montagne des *Ecouchets*, près de Couches, dans le même département, on connoît et on a quelquefois exploité un gîte d'oxide de chrôme.

On exploite à *Malsbosc*, dans le département de la Lozère, un filon peu puissant d'antimoine sulfuré.

On connoît encore dans le centre de la France quelques

exploitations de galène, d'antimoine et de manganèse, qui nous paroissent trop peu importantes pour les citer en détail.

Il y a quelques années, on a découvert à *Vaulry*, à six lieues N. N. O. de Limoges, du minerai d'étain. On y fait maintenant des recherches dans le but de trouver des gîtes assez abondans pour payer les frais de l'exploitation. Le succès de ces recherches n'est pas encore assuré.

Mines du nord du Portugal et des parties voisines de l'Espagne.

Il paroît que les Carthaginois ont exploité des mines d'étain dans cette partie de la Péninsule. On prétend qu'il en existoit jadis en Portugal, dans les montagnes granitiques des environs de *Viseu*, province de Beira, au lieu dit *Barraco de Stanno*. Des filons du même métal ont été découverts en 1787, près de *Monte-Rey*, dans le midi de la Galice : ils avoient deux mètres de puissance, et étoient encaissés dans le granite. Cette province présente aussi des gîtes d'antimoine sulfuré. On en trouve d'analogues en Castille et en Estramadure. On a exploité des minerais de plomb dans le dernier siècle, non loin de *Mogadouro*, sur les rives du *Sabor*, dans la province de Tras-los-Montes, et près de *Longroiva*, sur les bords du Rio-Prisco. On trouve, près de Mogadouro, des mines de plombagine. On voit aussi des mines de fer dans la même contrée, près de *Felguiera* et de *Torre de Mancorvo;* elles alimentent l'usine à fer de *Chapa-cunha*. Deux établissemens très-anciens du même genre existent dans l'Estramadure de Portugal, l'un, dans le district de *Thomar*, et l'autre dans celui de *Figuiero dos Vinhos* : ils sont alimentés par des mines de fer oxidé rouge, situées sur les frontières de cette province et de celle de Beira. On connoît un gîte de minerai de mercure en Portugal, à *Couna*. Il existe à *Rio Tinto*, en Espagne, sur les frontières du Portugal, une mine de cuivre qui produit environ 150 quintaux métriques de ce métal par année. Le minerai est une

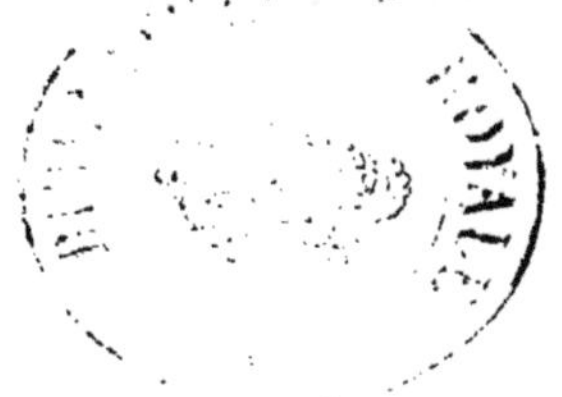

pyrite cuivreuse. Les montagnes des environs d'Oporto présentent partout des indices de minerai de cuivre et d'autres métaux. Il paroît que toutes celles de cette partie de la Péninsule sont généralement riches en gîtes de minerais, mais que le manque de bois s'oppose à ce qu'ils soient mis à profit. D'ailleurs beaucoup des gîtes qui s'y trouvoient primitivement doivent être en grande partie épuisés. C'est dans les contrées dont nous parlons que se trouvoient en grande partie les mines d'or et d'argent que les Carthaginois et les Romains ont exploitées avec tant d'avantage et se sont si vivement disputées. Près de *Soria* (l'ancienne Numance), d'*Azagala* et de *Burgos*, on voit encore des vestiges considérables d'anciens travaux.

Mines de la Bretagne.

La Bretagne n'est guère mieux partagée sous le rapport des mines que les contrées que nous venons de parcourir. Il n'y existe en ce moment que deux exploitations importantes, ce sont les mines de plomb de *Poullaouen* et de *Huelgoat*, situées près de Carhaix. La mine de *Huelgoat*, célèbre par le plomb-gomme qu'on y a découvert, est ouverte sur un filon de galène qui traverse des roches de transition. L'exploitation subsiste depuis environ trois siècles, et a atteint une profondeur de 200 mètres. Le filon de Poullaouen, nommé la nouvelle mine, a été découvert en 1741. Il étoit puissant et très-riche près de la surface, mais il s'est divisé et appauvri dans la profondeur, ce qui n'a pas empêché de l'exploiter jusqu'à 170 mètres au-dessous de la surface. On remarque dans ces mines de belles machines hydrauliques pour l'épuisement des eaux dont les roues ont 13 à 14 mètres de diamètre : on y construit des machines à colonne d'eau. Elles occupent plus de 900 ouvriers, et livrent annuellement plus de 5000 quintaux métriques de plomb, quelques quintaux de cuivre et 2000 marcs (470 kil.) d'argent. Ce sont les mines métalliques les plus importantes de France.

On connoît plusieurs filons de galène à *Châtelaudren* près de Saint-Brieux; ils ne sont pas exploités dans ce moment. Il en existe aussi un à *Pompean* près de Rennes, qui a été exploité jusqu'à 130 mètres de profondeur, et qui est pareillement abandonné. Il présente, outre la galène, une très-grande quantité de blende dont on essaie de tirer parti. On trouve encore une mine de plomb à Pierreville, département de la Manche, dans un terrain qui se lie au système de la Bretagne. Elle est ouverte sur un filon qui traverse un calcaire assez analogue à celui du Derbyshire. Ce même département présente un gîte de mercure sulfuré à Ménildot. On a découvert, il y a peu d'années, du minerai d'étain à *Piriac* près de *Guérande*, dans le département de la Loire-Inférieure; mais les recherches qu'on y a faites pour trouver des gîtes exploitables ont été sans succès. On a exploité une mine d'antimoine à *la Ramée*, département de la Vendée. Plusieurs des gîtes de combustibles fossiles qu'on commence à exploiter dans les départemens de la Sarthe, de la Mayenne et de Mayenne et Loire, doivent probablement être regardés comme plus anciens que la houille proprement dite.

Mines des côtes correspondantes de la Grande-Bretagne et de l'Irlande.

Les mines dont il s'agit dans ce paragraphe sont situées 1.° dans le *Cornouailles* et le *Devonshire;* 2.° dans le *S. E.* de *l'Irlande;* 3.° dans l'*île d'Anglesey et les parties voisines du pays de Galles;* 4.° dans le *Cumberland*, le *Westmoreland, le N. du Lancashire* et l'*île de Man;* 5.° dans le midi de l'*Ecosse;* 6.° dans la partie moyenne du même pays.

Le *Cornouailles* et le *Devonshire* présentent trois districts de mines principaux, savoir : la partie du Cornouailles située aux environs et au S. O. de *Thruro*, les environs de *Saint-Auslle* et les environs de *Tavistock*.

Le premier de ces districts est le plus important des trois par le nombre et la richesse de ses mines qui ont pour objet le cuivre, l'étain et le plomb. Les minerais de cuivre, qui consistent presque uniquement en pyrites cuivreuses et en cuivre sulfuré, constituent des filons bien réglés, dirigés à peu près de l'E. à l'O., et encaissés le plus souvent dans un schiste argileux, talqueux ou amphibolique, appelé *killas*, et quelquefois dans le granite qui forme des protubérances au milieu du schiste. L'étain se trouve principalement en filons qui, comme les précédens, traversent le killas et le granite. Ils sont aussi très-souvent dirigés à peu près de l'E. à l'O.; mais ils ont une inclinaison différente de celle des filons de cuivre qui les coupent et les interrompent, et qui sont par conséquent plus modernes. Le minerai d'étain forme aussi des amas qui paroissent le plus souvent se rattacher aux filons par un de leurs points. Enfin on le trouve dans de petits filons qui traversent le granite, principalement près des points où celui-ci touche le killas. Quelques filons présentent à la fois des minerais de cuivre et d'étain. C'est surtout près des points où les filons des deux métaux se croisent, que le mélange a lieu. Quelques mines donnent à la fois du cuivre et de l'étain, mais la plupart ne produisent en quantité notable qu'un seul de ces métaux. Les mines de cuivre les plus importantes sont situées près de *Redruth* et de *Camborne*. On cite particulièrement celles appelées *Consolidated Mines*, *United Mines*, *Huel Alfred*, *Dolcoath*, *Poldice*, etc. Les principales mines d'étain sont situées encore plus au S. O. près de *Helston*, de *Saint-Yves*, etc. On cite particulièrement celles appelées *Huel Vor*, *Great Huas*, etc. Il existe en Cornouailles plusieurs mines dans lesquelles les filons croiseurs qui coupent et rejettent à la fois les filons de cuivre et ceux d'étain, contiennent de la galène argentifère et divers minerais d'argent. Il a existé autrefois des mines de plomb argentifère près de *Helston* et de *Thruro*. On en voit encore près de *Saint-Michel* dont le minerai qui est fondu et coupellé sur les lieux, donne une once et demie à deux onces d'argent par quintal. Près de Calstock, on exploite une mine d'argent appelée *Huel Saint-Vincent*, qui a rendu, dit-on, en quelques mois, 4 à 500 kilogrammes de ce métal. Le minerai qui consiste en argent muriaté et en argent natif, est traité sur les lieux.

Dans les environs de Saint-Austle, on remarque les mines de cuivre d'*East-Crinnis* et de *West-Crinnis*, la mine d'étain de *Polgooth*, ouverte sur des filons d'étain, et la mine de *Carclaise*, exploitée à ciel ouvert sur un système de petits filons du même métal.

Près de *Tavistock*, on trouve des mines de cuivre, des mines d'étain et des mines de plomb. On remarque surtout parmi ces dernières celle dite *Huel Betsey* dont les minerais fondus et coupellés sur les lieux donnent une demi-once d'argent par quintal, et celle de *Beeralston* dont le minerai est envoyé à Bristol pour y être fondu, et donne 4 à 5 onces d'argent par quintal.

Il existe des mines d'antimoine à *Huel-Boys* en Devonshire, et à *Salstath* en Cornouailles.

Les minerais d'étain et de cuivre du Cornouailles sont accompagnés de pyrites arsenicales qu'on met à profit depuis quelque temps en en fabriquant de l'oxide d'arsenic.

Le Cornouailles et le Devonshire produisent annuellement environ 28 mille quintaux métriques d'étain, 85 mille quintaux métriques de cuivre, et 7 à 8,000 quintaux métriques de plomb.

L'étain est traité sur les lieux. Les minerais de cuivre sont envoyés en nature à *Swansea*, dans le pays de Galles, pour y être fondus.

Le bois et la main d'œuvre étant très-chers en *Cornouailles* et en *Devonshire*, on ne peut y exploiter les gîtes de minerai aussi complètement, et y porter la préparation mécanique aussi loin qu'on le fait dans plusieurs autres pays. Mais toutes les opérations qui présentent de l'avantage sont faites de la manière la mieux entendue, la plus économique et la plus rapide. On y voit des machines à vapeur de la force de 300 chevaux. Un grand nombre sont exploitées à plus de 400 mètres de profondeur, et plusieurs sont célèbres par la hardiesse de leurs travaux. Celle appelée *Botallack Mine*, située dans la paroisse de Saint-Just près du cap *Cornwall*, est ouverte dans les rochers qui forment le rivage de la mer, et s'étend à plusieurs centaines de mètres sous ses eaux, et à plus de 200 mètres au-dessous de son niveau. En quelques points on n'a laissé, pour soutenir les eaux de la mer, qu'une épaisseur de rocher si petite qu'on entend distinctement dans les orages le roulement des cailloux. La mine de *Huelwerry* près de Penzance a été exploitée au moyen d'un seul puits ouvert sur le rivage dans une partie que la mer ne découvre que durant très-peu d'heures à chaque marée. On avoit bâti sur l'orifice du puits une petite tour de charpente, soigneusement calfatée, qui empêchoit les eaux d'y pénétrer, et servoit d'appui aux machines d'extraction et d'épuisement. Mais un vaisseau poussé par la tempête la renversa pendant la nuit, et mit fin à l'exploitation qui n'a pas été reprise.

Les mines les plus considérables de l'*Irlande* sont celles de *Cronebane* et *Tigrony*, et de *Ballymartagh*, situées à trois lieues S. O. de *Wicklow*, dans le comté du même nom. Elles ont pour objet l'exploitation de pyrites cuivreuses, accompagnées de quelques autres minerais de cuivre, de galène, d'antimoine sulfuré, ainsi que de pyrites de fer, qui forment plusieurs amas aplatis et contemporains dans le schiste argileux. On y a fait des travaux assez étendus ; le minerai est transporté en nature à Swansea. On exploite en quelques autres points du S. E. de l'Irlande des filons ou amas de pyrites cuivreuses et de galène. Aucune de ces mines n'est d'un grand produit : la principale est la mine de plomb, située dans le comté de Tipperary, près du village de *Silver-*

Mines, ainsi nommé parce qu'autrefois on a essayé, mais sans succès, d'y extraire l'argent du plomb. Il existoit anciennement beaucoup de mines de fer en Irlande, mais la destruction des forêts en a considérablement diminué le nombre et l'activité, on en connoît cependant encore quelques unes dans les comtés de Killkenny, de Wicklow et de la Reine.

L'île d'*Anglesey* est célèbre par ses mines de cuivre, dont les principales sont celles de *Mona-Mine* et de *Parrys-Montain* : elles ont pour objet des masses de pyrites cuivreuses, quelquefois d'un volume considérable, qui paroissent former des amas dans un terrain qui contient des serpentines et diverses roches talqueuses. Pendant long-temps on a travaillé à ciel ouvert, mais on a par là compromis l'exploitation ultérieure. Les côtes voisines du pays de Galles présentent quelques mines du même genre. Les minerais produits par ces diverses mines sont traités dans une usine établie dans l'île d'Anglesey. Le terrain de schiste argileux et de grauwacke qui constitue la plus grande partie du pays de Galles et quelques unes des parties voisines de l'Angleterre, renferme plusieurs mines de plomb dont nous reparlerons en citant celles bien plus importantes que contiennent les calcaires plus modernes des mêmes contrées.

On exploite des mines assez importantes de pyrites cuivreuses et de fer hématite rouge dans le *Westmoreland*, et dans les parties voisines du *Cumberland* et du *Lancashire*. Les minerais de cuivre et une partie de ceux de fer sont embarqués pour Swansea. Le reste du minerai de fer est traité sur les lieux dans des hauts fourneaux alimentés avec du charbon de bois. L'île de *Man* offre des indices de plomb, de cuivre et de fer dans les montagnes de *Snafle*, qui en constituent le centre. A *Borrowdole*, dans le Westmoreland, on exploite depuis long-temps une mine de plombagine, qui fournit les crayons de mine de plomb, si renommés d'Angleterre. Ce minéral forme des amas dans un terrain talqueux.

Il existe des mines de plomb célèbres dans le midi de l'Ecosse, à *Lead-Hills* dans le *Lanarckshire :* les filons sont encaissés dans la grauwacke et offrent aussi du manganèse. On a découvert depuis peu une mine de cuivre à Cally, dans le *Kircudbrightshire*, et on connoît une mine d'antimoine à *West-Kirck*, dans le *Dumfriesshire.*

Dans la partie moyenne de l'Ecosse, on remarque surtout les mines de plomb de *Strontian*, dans l'Argylhshire, presque en face de l'angle N. E. de l'île de Mull. Elles sont ouvertes sur des filons qui traversent le gneiss. Ces mines et celles de Lardhills produisent annuellement, d'après M. John Taylor, 25,500 quintaux métriques de plomb.

On voit des exploitations de manganèse à *Grandhome* sur les rives du Don, rivière qui se jette dans la mer d'Allemagne à Aberdeen. On exploite une mine de plombagine à *Huntley.*

On a ouvert, il y a quelques années, une mine de cuivre dans une des îles Shetland.

La Grande-Bretagne et l'Irlande produisent annuellement 100 mille quintaux métriques de cuivre qui proviennent presque uniquement des mines que nous avons citées dans ce paragraphe.

Mines du nord de l'Europe.

Ces mines sont situées pour la plupart dans le midi de la *Norwége*, vers le milieu de la *Suède* et dans le midi de la *Finlande*, à peu de distance de la ligne la plus courte menée du lac Onéga, à l'angle S. O. de la Norwége. Un petit nombre de mines se trouvent dans les parties septentrionales de la Norwége et de la *Suède*. Les produits principaux de ces diverses mines sont le fer, le cuivre et l'argent.

Les mines de fer de la Norwége sont situées sur les bords du golfe de Christiania, et sur la côte qui fait face au Jutland.

principalement à *Arendal*, à *Kragcroe* et aux environs. Les minerais consistent presque uniquement en fer oxidulé, qui forme des couches ou filons de 4 à 60 pieds d'épaisseur, encaissés dans du gneiss, et qui est accompagné de pyroxène, d'épidote, de grenat, etc. Ces minerais sont traités dans un grand nombre d'usines à fer, situées sur la même côte, et particulièrement dans le comté de *Laurwig*; leur produit annuel est d'environ 75 mille quintaux métriques de fonte, fer, tôle, clous, etc., dont on exporte la moitié.

La Norwége possède de riches mines de cuivre, dont quelques unes se trouvent vers le midi et le centre de ce pays, mais dont les plus considérables sont situées dans le nord, à *Quikkne*, *Lœken*, *Selboe* et *Rœraas*, près Drontheim. La mine de *Rœraas*, à 16 milles de Norwége, au S. E. de cette ville, est ouverte sur un amas très-considérable de pyrites cuivreuses, et exploitée à ciel ouvert depuis 1664. Elle a livré au commerce depuis cette époque jusqu'à 1791, 350,000 quintaux métriques de cuivre. Elle en produisoit annuellement, en 1805, 3930 : toutes les autres mines de cuivre de Norwége ne produisent pas tout-à-fait un $\frac{1}{4}$ de cette quantité.

La Norwége renferme aussi des mines d'argent célèbres. Elles sont situées à 15 ou 20 lieues S. O. de Christiania, dans une contrée montagneuse près de la ville de *Kongsberg*, qui leur doit sa population. Leur découverte remonte à 1623; elles ont pour objet des filons de chaux carbonatée, accompagnée d'asbeste et d'autres substances, dans lesquelles on trouve de l'argent natif, ordinairement en petits filets, et quelquefois en masses considérables, et de l'argent sulfuré. Ces filons sont en très-grand nombre, et sillonnent une étendue considérable, divisée en quatre arrondissemens, dont chacun contient plus de quinze exploitations distinctes. Quand on ouvre une mine nouvelle, on pratique d'abord une excavation à ciel ouvert qui embrasse plusieurs filons, et on ne poursuit par travaux souterrains que ceux qui en méritent la peine. Les travaux n'excèdent pas la profondeur de 3oo mètres. On y fait usage du feu pour l'attaque du minerai. En 1782, on y a commencé le percement d'une nouvelle galerie d'écoulement qui devoit avoir 9,200 mètres de longueur, et coûter environ 1,5oo,ooo fr. Depuis leur découverte, jusqu'à 1792, ces mines ont donné une quantité d'argent équivalente à 100 millions de francs; l'année 1768 a été la plus productive, elle a donné 38 mille marcs d'argent. Elles ne donnent maintenant qu'un très-foible bénéfice. En 1804, elles ont été menacées d'un abandon total. Le minerai est traité par la fusion, et le plomb nécessaire pour cette opération est tiré d'Angleterre. Il existe cependant des mines de plomb et argent dans le comté d'Iarlsberg, mais elles sont très-foiblement exploitées.

On exploite à *Edswald*, à 5o lieues N. de Christiania, une mine de pyrites aurifères d'un très-foible produit.

On voit des mines de cobalt a *Modum* ou *Fossum*, à 8 lieues O. de Christiania; elles sont étendues, mais peu profondes.

Enfin on exploite le graphite à *Englidal;* et on connoît en quelques points de la Norwége des gîtes de fer chromaté.

Les fers de Suède jouissent d'une juste réputation, et forment l'un des principaux objets du commerce de ce royaume. En effet, peu de contrées réunissent d'aussi précieux avantages pour ce genre d'industrie. D'inépuisables dépôts de minerai de fer s'y trouvent placés au milieu de forêts immenses de bouleaux et d'arbres résineux, bois dont le charbon passe pour être le plus propre à la fabrication du fer. Les divers groupes de mines et usines à fer, forment de petites contrées riches et animées au milieu de ces contrées sauvages.

La province de Wermeland, qui comprend le rivage septentrional du lac Wener, est une des plus riches de Suède en mines de fer. Les deux plus importantes sont celles de *Nordmarck*, à 3 lieues N. de *Philipstadt*, et celles de *Persberg*, à 2 lieues ½ E. de la même ville. (*Philipstadt* se trouve à environ 5o lieues à l'O. ¼, N. O. de Stockholm.) Les unes et les autres sont ouvertes sur des filons ou couches de fer oxidulé de plusieurs mètres de puissance dirigés N. S., dans un terrain composé de roches amphiboliques, talqueuses et granitiques. Ces masses sont presque verticales et exploitées à ciel ouvert jusqu'à 120 mètres de profondeur. On employoit autrefois le fer pour cette exploitation, mais ce moyen a été remplacé par l'usage de la poudre. Elles existent depuis 1650. La province de Wermeland, et celle de Dahl, qui en est voisine et forme le rivage occidental du lac Wener, contenoient, en 1767, 48 hauts fourneaux roulant chacun 4 à 5 mois de l'année.

Les principales mines de fer de la Rosslagie (partie de la province d'Upland) sont celles de *Dannemora*, situées à 11 lieues d'Upsal; elles sont au premier rang de celles de la Suède, et même de l'Europe. Les masses exploitées sont aplaties et verticales, dirigées du N. E. au S. O., et encaissées dans un terrain formé de roches anciennes, parmi lesquelles on remarque du gneiss, du pétrosilex et du granite. Elles sont au nombre de trois bien distinctes et parallèles entre elles : on les exploite sur une longueur de plus de 1400 mètres, et jusqu'à la profondeur de plus de 80, en employant le feu et la poudre. Les exploitations sont à ciel ouvert; chacune d'elles présente une tranchée ouverte de 60 mètres de largeur, sur une longueur beaucoup plus considérable, et d'une profondeur effrayante. On en retire du minerai magnétique, qui donne le meilleur fer de la Suède et de l'Europe : ce fer est surtout propre à être converti en acier. En 1767 elles alimentoient, depuis long-temps, 15 hauts fourneaux situés dans la Rosslagie, à une distance de 10 lieues au plus.

L'île d'Utoe, située près de la côte de la province d'Upland, présente aussi de riches mines de fer. Le fer oxidulé y forme un lit épais dans le gneiss. On l'exploite par tranchées, beaucoup au-dessous du niveau de la mer. On ne peut le mettre à profit dans l'île même; il est transporté sur le continent en quantités considérables.

La province de Smoland renferme également des mines très-remarquables : on y voit, près de Jonköping, une colline appelée le *Taberg*, formée en grande partie de fer oxidulé magnétique, contenu dans du grunstein qui repose sur du gneiss.

En divers endroits de la Laponie, le fer oxidulé se trouve en grandes couches ou amas immenses. A *Gellivara*, à 200 lieues au N. de Stockholm, vers le 67° degré de latitude, il constitue une montagne considérable dans laquelle on a ouvert une exploitation. On expédie le fer sur de petits traîneaux tirés par des rennes jusqu'aux ruisseaux qui tombent dans la Lutea, puis, par ces ruisseaux et par la rivière, jusqu'au port du même nom, où on l'embarque pour Stockholm.

Il existe un grand nombre d'usines à fer en Dalécarlie, mais une partie des minerais proviennent de dépôts d'alluvions. De semblables dépôts existent aussi dans les provinces de Wermeland et de Smoland.

Les mines et usines de la Suède produisent annuellement environ 750 mille quintaux métriques de fer ou de fonte moulée, dont 500 mille sont exportés principalement par les ports de *Stockholm*, *Gottenbourg*, *Geffle* et *Norköping*.

Les mines de cuivre de la Suède ne sont guère moins célèbres que ses mines de fer. La principale est celle de *Fahlun* ou *Kopparberg*, située en Dalécarlie, près de la ville de Fahlun, à 40 lieues, N. O., de Stockholm. Elle est creusée dans une masse irrégulière et très-puissante de pyrites qui, dans un grand nombre de points, sont presque uniquement ferrugineuses, et qui, dans quelques autres situés principalement près de sa circonférence, renferment une proportion plus ou moins considérable de cuivre. Cette masse est enveloppée par des roches talqueuses ou amphiboliques. Plus à l'Ouest, il en existe trois autres presque contiguës l'une à l'autre, et qui se plient en portion de cercle autour de la masse principale. Elles sont exploitées aussi bien que cette dernière. Celle-ci l'a d'abord été à ciel ouvert; des travaux imprudens ont fait ébouler les parois de l'excavation qui, depuis 1647, ne présente plus, près de la surface, que d'effrayans précipices. Mais les travaux se poursuivent par puits et galeries dans la partie inférieure du gite, et sont portés jusqu'à la profondeur de 194 famnars (environ 400 mètres). Ils présentent des excavations assez vastes pour qu'on puisse y faire usage de chevaux, et y établir des forges pour la réparation des outils des mineurs. On assure que l'exploitation de cette mine remonte à une époque antérieure à l'ère chrétienne. Dans sa plus grande prospérité elle produisoit, dit-on, 50 mille quintaux métriques de cuivre par an; elle n'en fournit plus maintenant que 6 à 9 mille; elle donne en même temps 300 quintaux métriques de plomb, 50 marcs d'argent et 3 ou 4 d'or. Les minerais traités à Fahlun produisent 2 à 2 ½ pour cent de cuivre. On ne se borne pas à en extraire ce métal, on en retire aussi du soufre, et on fabrique, soit au moyen de ce soufre, soit avec les pyrites mêmes, divers produits chimiques. On voit autour de Fahlun, dans un espace d'une lieue, 70 fourneaux ou ateliers de diverses espèces. Le cuivre noir obtenu à Fahlun est converti en cuivre rosette, dans les ateliers de la petite ville de *Ofvostad*.

Dans la mine de cuivre de *Garpenberg*, située à 18 lieues de Fahlun, on voit 14 masses de minerai toutes verticales et parallèles entre elles et aux couches du schiste micacé ou talqueux, au milieu desquelles elles se trouvent. Cette mine est exploitée depuis environ 600 ans.

La mine de *Nyakopparberg*, en Nericie, à 20 lieues à l'O. de Stockholm, présente des masses de minerais parallèles entre elles, et dont la forme et la disposition sont des plus singulières. Elle est exploitée à ciel ouvert et à l'aide du feu.

Nous citerons encore les mines de cuivre d'*Atwidaberg*, dans l'Ostrogothie, qui fournissent annuellement la 6ᵉ partie du cuivre de la Suède.

Il existe en Suède plusieurs autres mines de cuivre. Leur nombre total est de dix; il étoit autrefois plus considérable. Elles fournissent aujourd'hui toutes ensemble 11 mille quintaux métriques de cuivre.

Le nombre des mines d'argent de la Suède a pareillement diminué. En 1767, on n'en comptoit plus que trois en exploitation, savoir : celle d'*Hellefors*, dans la province de *Wermeland*; celle de *Segerfors*, dans la *Nericie*, et celle de *Sahla* ou *Sahlberg*, dans la Westmanie, à environ 23 lieues N. O. de *Stockholm*. Cette dernière, seule, est de quelque importance. Elle est très-ancienne, et passe pour avoir été autrefois très-productive : elle ne donne aujourd'hui que 4 à 5000 marcs d'argent par an. On en tire principalement du plomb très-riche en argent. Elle est exploitée jusqu'à plus de 200 mètres de profondeur. La solidité du rocher a permis d'y creuser de très-vastes excavations et de donner, même aux galeries, de grandes dimensions; aussi voit-on, dans l'intérieur des travaux, des machines à molettes, et le transport des minerais s'y exécute-t-il dans des charrettes attelées de chevaux.

On connoît à Sahlberg des gîtes d'antimoine sulfuré.

Depuis 30 à 40 ans on a ouvert en Suède des mines de cobalt, principalement à *Tunaberg* et *Los*, près de *Nyköping*, et à *Otward*, en *Ostrogothie*. Les premières sont exploitées sur des filons peu puissans qui s'élargissent et se rétrécissent successivement; ce qui les a fait nommer *filons en chapelet*. Il paroît que les produits de ces mines, quoique fort estimés par leur qualité, sont en quantité peu considérable.

Enfin on connoît en Suède une mine d'or; elle est située à *Adelfors*, paroisse d'Alsfeda, dans la province de Smoland. Elle est en exploitation depuis 1737, sur des filons de pyrite ferrugineuse, aurifère, qui traversent des roches schisteuses; ils ne présentent que quelques pouces de minerai. Elle a donné autrefois 30 à 40 marcs d'argent par an; il y a peu d'années, elle n'en donnoit plus que 3 ou 4.

Les mines et usines de Suède donnoient annuellement, en 1809, un produit brut de 36,590,000 fr.

Le midi de la Finlande, et les parties limitrophes de la Russie, contiennent quelques mines, mais qui sont loin d'avoir l'importance de celles de la Suède.

A *Orijerwy* près *Helsingfors* on voit une mine de cuivre dont la gangue est de la chaux carbonatée qu'on emploie comme pierre à chaux.

Près de *Cerdopol*, ville située à l'extrémité N. O. du lac Ladoga, on a exploité autrefois des filons de pyrites cuivreuses.

Sous le règne de Pierre-le-Grand, on a découvert un filon aurifère dans les montagnes granitiques qui bordent la rive orientale du lac Ladoga près d'Olonetz. Il n'étoit riche que près de la surface, et son exploitation fut abandonnée.

Dernièrement on a essayé d'exploiter des minerais de cuivre et de fer près d'*Euo*, au-dessus et au N. O. de Cerdopol, mais avec peu de succès.

On a exploité autrefois près du lac Shuyna, au N. O. de Cerdopol, de riches minerais de fer qui se trouvoient en filons; cette exploitation a cessé.

Sur le rivage occidental du lac Onéga, se trouve à *Petrozavodsk* une usine à fer, ou *zavode*, qui est le plus grand établissement de ce genre que possède le nord de la Russie. On n'y traite maintenant que des minerais de fer des marais, qu'on extrait des petits lacs des environs.

Le calcaire de transition qui constitue l'*Estonie*, contient des minerais de plomb à *Arrossaar* près de *Fellin*. Ces minerais étoient exploités quand ces provinces appartenoient aux Suédois. On a essayé sans succès d'en reprendre l'exploitation en 1806.

Mines des monts Allegany.

La chaine des *Allegany*, qui traverse les Etats-Unis d'Amérique du N. O. au S. E. , parallèlement aux rivages de l'Océan atlantique, renferme un assez grand nombre de gîtes de minerais de fer, de plomb et de cuivre; on y trouve aussi quelques minerais d'argent, de la plombagine et du fer chromaté. Des tentatives ont été faites pour exploiter un grand nombre de ces gîtes; mais la plupart ont été sans succès.

On trouve une couche de fer oxidulé dans le gneiss près de *Franconia* dans le *Newhampshire*. Elle a de 5 à 8 pieds de puissance, et a été exploitée sur une longueur de 200 pieds et jusqu'à 90 de profondeur. Le même minerai se trouve en filons dans le Massachussets et le Vermont; il est accompagné par des pyrites de cuivre et de fer. Il se rencontre en quantités immenses sur les rives occidentales du lac Champlain, formant des couches de 1 à 20 pieds de puissance, presque sans mélange, encaissées dans le granite. On le trouve aussi dans les montagnes de cette contrée. Ces dépôts paroissent s'étendre sans interruption depuis le Canada jusqu'aux environs de *New-York*, où l'on en voit un en exploitation à *Crown-Point*. Le minerai qu'on en extrait est très-estimé. Il existe plusieurs mines du même genre dans le *New-Jersey*. Les montagnes primitives qui se trouvent dans le nord de cet État près de la Delaware, renferment une couche presque verticale de fer oxidulé, qu'on a exploitée jusqu'à 100 pieds de profondeur. Dans le comté de Sussex on trouve le même minerai accompagné de *Franklinite*. A *Newmilford* dans le *Connecticut* on voit une mine assez abondante de fer spathique, la seule de ce genre qu'on connoisse dans les Allegany. Les États-Unis contiennent un grand nombre d'usines à fer, dont quelques unes, avant 1775, envoyoient du fer à Londres. Elles sont principalement alimentées par des minerais d'alluvion.

Les mines de plomb les plus remarquables des Allegany sont celles de *Southampton* dans le *Massachussets*, et de

Perkiomen-Creek, dans la *Pensylvanie*, à huit lieues de *Phi-
ladelphie*. La première donne de la galène un peu argentifère ;
ce minerai est accompagné de divers minéraux à base de
plomb, de cuivre et de zinc, et a pour gangues du quarz, de la
baryte sulfatée et de la chaux fluatée. Ces substances forment
un filon qui traverse diverses roches primitives, et est connu,
dit-on, sur une longueur de plus de six lieues. A *Perkiomen-Creek* on exploite un filon de galène qui traverse un grès
rapporté par plusieurs géologues au vieux grès rouge des Anglois (*old red sandstone*). On y trouve avec la galène une grande
variété de minéraux à base de plomb, de zinc, de cuivre et
de fer. On peut citer encore les mines de plomb qui s'exploitent
en Virginie sur les bords de la Kanhawa.

Aucune des mines de cuivre actuellement en activité aux
Etats-Unis ne paroît mériter une mention particulière. La
mine de *Schuyler* dans le *New-Jersey* avoit donné beaucoup
d'espérances, mais les travaux, après avoir été poussés jusqu'à
3oo pieds de profondeur, sont abandonnés depuis quelques
années. Le minerai qui consistoit en cuivre sulfuré et en oxide
et carbonate de cuivre, se trouvoit dans un grès rouge.

On voit en quelques points des Allegany des gîtes de
fer chromaté et de graphite dont on ne tire encore qu'un
très-foible parti.

On connoit des couches de houille dans plusieurs points
des Etats-Unis, particulièrement sur le versant N. O. des Allegany. Ce combustible est exploité avec succès sur les bords
de l'*Ohio*, vers la partie supérieure de son cours.

Mines du midi de l'Espagne.

Les montagnes qui séparent l'Andalousie de l'Estramadure,
de Léon et de la Manche, et celles des royaumes de Murcie
et de Grenade, renferment quelques mines célèbres. Nous
citerons d'abord les mines d'argent de *Guadalcanal* et *Cazalla*,

situées dans la *Sierra-Morena*, à 15 lieues N. de *Séville*. Parmi les minerais on remarque de l'argent rouge et du cuivre gris argentifère. Leur produit est peu considérable; mais cette contrée en présentoit autrefois de beaucoup plus importantes à *Villa-Guttiera*, non loin de Séville. Au commencement du 17ᵉ siècle, elles s'exploitoient, dit-on, avec tant d'activité qu'elles rendoient par jour 170 marcs d'argent. Plus à l'E., il existe dans les montagnes de la Manche une mine d'antimoine à *Santa-Crux-de-Mudela*. Sur le versant méridional de la Sierra-Morena, on trouve des mines de plomb très-importantes, particulièrement à *Linarès*, à 12 lieues N. de Jaen. Les filons sont très-riches près de la surface, ce qui fait qu'on ne se donne pas la peine de les suivre dans la profondeur : aussi le terrain est-il criblé de puits. On en compte, dit-on, plus de 5,000 anciens et nouveaux, dont la plus grande partie est attribuée aux Maures. Six de ces mines sont exploitées au compte du Roi, et elles produisent, année commune, suivant M. de Laborde, 6,000 quintaux métriques de plomb, qui est trop pauvre en argent pour qu'on puisse en extraire ce métal avec avantage. Bowles rapporte qu'on a trouvé aux mines de *Linarès* une masse de galène qui avoit 20 à 23 mètres en tous sens. On connoît des mines abondantes de zinc près d'*Alcaras*, à quinze lieues N. E. de Linarès : elles alimentent une fabrique de laiton établie dans cette ville. Il existe aussi des mines de plomb dans les royaumes de Murcie et de Grenade. On en exploite depuis quelque temps de très-productives près d'*Almeria*, port situé à quelques lieues à l'O. du cap de Gates. Le minerai est en partie traité sur les lieux avec de la houille apportée de Newcastle, en Angleterre, et en partie envoyé à Newcastle pour y être fondu au moyen du même combustible. Les royaumes de Murcie, de Grenade et Cordoue renferment plusieurs mines de fer. Près de *Casalla* et de *Ronda*, dans le royaume de Grenade, on exploite des mines de plombagine.

Sur le flanc septentrional de la Sierra-Morena se trouvent

les fameuses mines de mercure d'*Almaden* , situées près de la ville de ce nom dans la Manche. Elles ont pour objet des filons très-puissans de mercure sulfuré , qui traversent un grès que toutes les analogies portent à regarder comme tout au plus aussi ancien que la houille. On exploite près de là des couches de ce combustible.

Mines des Pyrénées.

Les *Pyrénées* et les montagnes de la *Biscaye*, des *Asturies* et du *nord de la Galice*, qui en sont le prolongement, ne sont pas très-riches en gîtes de minerais. Les seules mines importantes qu'on y trouve sont des mines de fer : elles sont très-répandues dans toute la chaîne excepté dans son extrémité occidentale. On cite particulièrement dans la Biscaye la mine de *Sommorostro*, ouverte sur un banc de fer oxidé rouge, et dans la province de *Guipuscoa*, les mines de *Mondragon* , d'*Oyarzun* et de *Berha* , situées sur des gîtes de fer spathique. Il existe plusieurs mines analogues dans l'*Aragon* et la *Catalogne*. Dans la partie françoise des Pyrénées on exploite des filons de fer spathique qui traversent le grès rouge de la montagne d'*Ustelleguy* , près de Baygorry, département des Basses-Pyrénées. Le même département présente dans la vallée d'Asson la mine de *Haugaron*, qui a pour objet une couche de fer hydraté , subordonnée au calcaire de transition. C'est dans une position semblable que se trouve le dépôt de fer hydraté, exploité, depuis un temps immémorial, au *Rancié*, dans la vallée de *Vicdessos* , département de l'Arriège. Les anciens travaux sont très-irréguliers et très-étendus; mais le gîte est encore loin d'être épuisé. Il existe encore des mines très-considérables de fer spathique à *Lapinouse*, à *la tour de Batère*, à *Escarou* et à *Fillols* , au pied du Canigou, dans le département des Pyrénées-Orientales. Les mines de fer des Pyrénées alimentent près de 200 forges catalanes. Bien qu'on connoisse dans ces montagnes, surtout dans la partie qui est formée de roches de transition, un très-grand nombre de filons de plomb, de cuivre, de cobalt, d'antimoine, etc. on ne peut guère y citer maintenant d'exploitations de ces métaux; et, parmi les mines abandonnées, les seules qui méritent d'être mentionnées, sont la mine de cuivre argentifère de *Baygorry*, dans le département des Basses-Pyrénées, la mine de plomb et cuivre d'*Aulus* dans la vallée d'*Erce*, département de l'Arriège, et la mine de cobalt de la *vallée de Gistain*, située en Aragon sur le versant méridional des Pyrénées. On assure cependant qu'il existe actuellement une mine de plomb près de Bilbao en Biscaye. On remarque encore les mines de plombagine ouvertes à *Sahun* en Aragon. On connoît des gîtes analogues dans le département de l'Arriège, mais ils ne sont pas exploités.

Mines des Alpes.

Les mines des Alpes sont loin de répondre par leur nombre et leur richesse à l'étendue et à la masse de ces montagnes.

On cite sur leur pente orientale dans les départemens des Basses et des Hautes-Alpes, plusieurs mines de plomb et de cuivre, qui sont toutes peu considérables, et qui sont même abandonnées en ce moment, à l'exception de quelques exploitations de galène, qui fournissent un peu d'alquifoux.

Pendant quelques années de la fin du 18ᵉ siècle, on a exploité, à *la Gardette* dans l'*Oisans*, département de l'Isère, un filon de quarz qui contenoit de l'or natif et des pyrites aurifères; le produit n'a jamais payé les frais, et la mine a été abandonnée. L'*Oisans* présentoit une mine plus importante, mais qui maintenant est également abandonnée : c'étoit la mine d'argent d'*Allemont* ou des *Chalanches*. Le minerai consistoit en diverses espèces minérales plus ou moins riches en argent, disséminées dans une argile qui remplissoit des fentes et des cavités irrégulières au milieu de roches talqueuses et amphiboliques. Cette mine a donné annuellement, vers la fin du 18ᵉ siècle, jusqu'à 2000 marcs d'argent. Elle a livré aussi du minerai de cobalt. Parmi le grand nombre d'espèces minérales, qu'on y a trouvées en quantités trop petites pour les mettre à profit, on remarque l'antimoine natif, le mercure sulfuré, etc. L'*Oisans* présente encore quelques mines peu productives d'anthracite. Des mines d'une nature analogue, mais plus importantes, s'exploitent au pied occidental des Alpes, à *La Mothe*, *Notre-Dame-des-Vaux* et *Putteville*, à quelques lieues S. E. de Grenoble.

Depuis l'entrée de la vallée de l'*Oisans* jusqu'à la vallée de l'*Arc* en Savoie, on trouve sur la pente N. O. des Alpes un grand nombre de mines de fer spathique. Le gissement de ce minerai y est très-difficile à définir : il paroit former tantôt des couches ou amas, et tantôt des filons au milieu des roches talqueuses; on en trouve aussi en petits filons dans les premières assises de la formation calcaire qui recouvre ces roches. Ces mines sont très-nombreuses; les plus productives se trouvent réunies aux environs d'*Allevard*, département de l'Isère, et de *Saint-Georges-d'Huretières* en Savoie. On cite aussi celles *des Fourneaux* et de *Laprat* dans ce dernier pays. L'irrégularité des exploitations surpasse encore celle des gîtes. Les mines sont de temps immémorial entre les mains des habitans des villages voisins, qui y travaillent chacun pour son compte, sans aucune prévoyance et sans autre règle que de suivre les masses de minerai, qui font espérer, dans un court espace de temps, le profit le plus considérable. On y voit, comme cela arrive au reste dans presque toutes les mines de fer spathique, des travaux très-imprudens. La mine dite la *Grande-Fosse*, à *Saint-Georges-d'Huretières*, se prolonge sans piliers ni étais sur une hauteur de 120 mètres, une longueur de 200 mètres, et une largeur égale à l'épaisseur du gîte qui est dans cet endroit de 8 à 12 mètres, de sorte qu'elle présente un vide de 240,000 mètres cubes. Le fer spathique extrait de ces diverses mines, alimente 10 à 12 hauts fourneaux dont la fonte, principalement propre à être convertie en acier, est traitée en partie dans les célèbres aciéries de *Rives*, département de l'Isère. On trouve dans quelques parties des mines de Saint-Georges-d'Huretières du cuivre pyriteux qui est exploité, et qu'on fond à *Aiguebelle*.

La Savoie présente des mines de plomb célèbres à *Pesey* et à *Macot*, à 7 lieues à l'E. de Moutiers. La galène, accompagnée de quarz, de baryte sulfatée et de chaux carbonatée ferrifère, s'y trouve en amas dans des roches talqueuses. La mine de *Pesey* avoit été remise en activité par le gouvernement françois, qui y avoit établi une école-pratique des mines; elle a produit annuellement entre ses mains jusqu'à 2000 quintaux métriques de plomb, et 2500 marcs d'argent; elle est exploitée maintenant pour le compte du roi de Sardaigne; mais elle commence à s'épuiser, et donne de moins grands produits; celle de *Macot*, ouverte depuis peu d'années, commence à en donner de considérables. On cite encore en Savoie la mine de pyrites cuivreuses de *Servoz* dans la vallée de l'Arve. Le minerai se trouve à la fois en petits filons, et disséminé dans un schiste argileux; l'exploitation est maintenant suspendue. Enfin on connoît dans plusieurs points de ces montagnes et dans les parties limitrophes des Alpes, des exploitations peu productives d'anthracite.

Il existe en Piémont quelques petites mines de plomb argentifère. Les mines de cuivre d'*Allagne* et celles d'*Ollomont* ont donné autrefois des quantités considérables de ce métal. Leur exploitation est aujourd'hui peu active. Les mines de manganèse de Saint-Marcel n'ont que peu de débouchés, ce qui les empêche de prendre un grand développement. On voit des mines de plombagine foiblement exploitées aux environs de *Vinay* et dans la vallée de *Pellis*, non loin de Pignerol. On a aussi exploité dans ce pays quelques mines de pyrites aurifères , entre autres celles de *Macugnaga*, au pied oriental du mont Rose. Les pyrites de cette mine ne donnoient par l'amalgamation que 11 grains d'or par quintal ; et cet or, loin d'être fin, contenoit $\frac{1}{4}$ de son poids d'argent. Elles devenoient de moins en moins riches, à mesure qu'on s'éloignoit de la surface. Les exploitations de pyrites aurifères du Piémont sont aujourd'hui abandonnées ou peu actives. Les seules mines importantes que présente ce pays sont celles de fer. Elles ont généralement pour objet des amas de fer oxidulé d'une nature analogue à ceux de Suède ; les principaux sont ceux de *Cogne* et de *Traverselle* : on les exploite à ciel ouvert ; d'autres moins considérables sont exploités par puits et galeries. Ces minerais sont traités dans 33 hauts fourneaux, 55 forges catalanes, et 105 feux d'affineries : le tout produit 100,000 quintaux métriques de fer en barres.

On connoît une mine de fer oxidulé, actuellement abandonnée à *Bovernier* près de *Martigny* en Vallais. Il existe une autre mine de fer à *Chamoissons*, dans une haute montagne calcaire sur la rive droite du Rhône. Le minerai présente un mélange d'oxide de fer et de quelques autres substances dont on a proposé de faire une espèce nouvelle sous le nom de *Chamoissite.*

Le pays des Grisons offre des mines de fer dont les travaux sont très-irréguliers, elles sont situées à quelques lieues de *Coire.*

En Tyrol, la montagne de *Falkenstein*, formée de calcaire et de schiste argileux, et située près de *Schwatz*, un peu au-dessous d'Inspruck, dans la vallée de l'Inn , contient des mines de cuivre argentifère. A l'une d'elles, celle de *Kütz-Pühl*, les travaux avoient en 1759, au rapport de MM. Jars et Duhamel, 1000 mètres de profondeur : et passoient pour les plus profonds de l'Europe ; mais il étoit question de les abandonner. On exploite des minerais analogues dans plusieurs autres points de la même contrée. La plupart des produits de ces mines sont portés à la fonderie de Brixlegg à quatre lieues de Schwatz. Les mines du Tyrol fournissoient, année commune, vers 1759, 10,000 marcs d'argent ; à des époques antérieures, leur produit avoit été double ; aujourd'hui il est un peu moindre. Cette contrée contient aussi des mines d'or dont l'exploitation remonte à un siècle et demi. Elles se trouvent près du village de *Zell*, à huit lieues de *Schwatz*. Les filons aurifères traversent des schistes argileux et des roches de quarz. On a découvert depuis peu en Tyrol un gîte de chrôme oxidé semblable à celui des *Ecouchets* (Saône et Loire). On cite dans ce pays une mine peu importante de mercure près de *Brenner*.

On connoît dans le pays de Saltzbourg quelques mines de cuivre. On y voit aussi dans les environs de *Muerwinkel* et de *Gastein* quelques filons exploités pour l'or qu'ils renferment, et dont le produit annuel est évalué à 118 marcs de ce métal. Il existe à *Léogang* une mine de mercure peu considérable.

On trouve en Tyrol et dans le Saltzbourg des mines de fer en grande activité. On cite principalement celles de *Kleinboden* près de Schwatz.

Mais la partie des Alpes où se trouvent le plus de mines de ce métal, est la branche qui se dirige vers la Basse-Autriche. On y voit, tant en Styrie qu'en Autriche, un très-grand nombre d'exploitations de fer spathique. On y remarque particulièrement les gîtes de minerais de fer spathique d'*Eisenærz*, d'*Erzberg*, d'*Admont*, de *Vordenberg*, etc. Ces dernières sont situées à environ 25 lieues S. O. de Vienne.

Le flanc méridional des Alpes compte aussi un grand nombre de mines du même genre depuis le lac Majeur jusqu'en Carinthie. On cite particulièrement celles qui sont situées près de *Bergame* et celles de *Huttenberg*, de *Waldenstein*, etc., en Carinthie.

Toutes ces mines de fer spathique sont ouvertes au milieu de roches de diverses natures qui appartiennent au terrain de transition ancien des Alpes. Elles paroissent avoir de grands rapports de gissement avec celles d'Allevard.

La branche des Alpes, qui se dirige vers la Croatie, présente des mines de fer importantes. dans les montagnes de l'*Adelsberg*, à 10 lieues S. O. de Laybach, en Carniole.

Les mines de fer que nous venons d'indiquer dans la partie des Alpes qui fait partie des Etats autrichiens, alimentent un très-grand nombre d'usines de fer. On compte en Styrie et en Carinthie plus de 400 fourneaux ou forges dont le produit annuel est d'environ 250,000 quintaux métriques de fer. Ces deux provinces sont célèbres par l'acier qu'elles produisent, et par les instrumens d'acier qu'elles fabriquent, tels que faulx, etc. La Carniole contient aussi un grand nombre de forges, et produit annuellement 50 mille quintaux métriques de fer.

Il existe des mines de cuivre argentifère analogues à celles du Tyrol, à *Schladming* en Styrie, à *Kirschdorf* en Carinthie, à *Agordo* dans le pays de Venise, et à *Zamabor* en Croatie. Ces dernières sont remarquables par la grande irrégularité des gîtes et par la richesse du cuivre pyriteux exploité, qui produit 12 pour 100 et quelquefois jusqu'à 27 pour 100 de cuivre. On connoît en Carinthie des gîtes d'antimoine foiblement exploités. Quelques mines de cobalt connues en Styrie, sont aussi très-peu actives. Aux environs de *Raibel*, en Carinthie, on trouve des mines de calamine qui produisent annuellement environ 2,000 quintaux métriques de cette substance. On en exploite aussi depuis peu en Styrie.

Les calcaires qui couvrent les pentes septentrionales des Alpes, présentent, comme ceux des départemens des Basses et des Hautes-Alpes, plusieurs mines de plomb de peu d'importance. Ils renferment aussi plusieurs mines de sel gemme célèbres.

Les calcaires analogues qui reposent sur les pentes des Alpes en Carinthie et dans les provinces voisines, présentent des mines de plomb, notamment près de *Willach* et de *Bleyberg*. Ces mines sont très-nombreuses, et forment plus de 500 arrondissemens de concessions. Elles livrent annuellement

18 à 19,000 quintaux métriques de plomb trop pauvre en argent pour qu'on puisse en retirer ce métal avec avantage. Aux mines de Bleyberg, la galène forme 14 couches inclinées de 40 à 50° à l'horizon, et alternant avec un pareil nombre de couches calcaires. Ces dernières sont extrêmement remplies de coquilles. Il n'est pas certain qu'elles n'appartiennent pas à un calcaire secondaire.

Les calcaires qui couvrent la pente méridionale des Alpes, contiennent aussi quelques mines de plomb ; mais on y remarque surtout la mine de mercure d'Idria, située au pied des Alpes, à 10 lieues N. O. de Trieste ; elle se trouve dans un calcaire que tout conduit à rapporter, au plus ancien des calcaires secondaires, au zechstein.

Les Apennins qu'on peut considérer comme une dépendance des Alpes, présentent un petit nombre de mines : à *Chiavary* et à *Pignone* on y exploite le manganèse. Au commencement du dix-huitième siècle, on a exploité une mine de mercure à *Levigliani*, en Toscane. On cite une mine d'antimoine à *Perela* dans les maremmes du Siénois.

Avant de quitter ces contrées nous devons faire connoître les mines de fer de l'île d'Elbe. Elles sont fameuses depuis plus de 18 siècles ; Virgile les qualifie d'inépuisables, et suppose qu'elles étoient ouvertes avant l'arrivée d'Enée en Italie. Elles sont exploitées à ciel ouvert sur d'énormes amas de fer oligiste, criblé de cavités qui sont tapissées de cristaux. L'île renferme deux exploitations, dites de *Rio* et de *Terra-Nova* ; la dernière n'est en activité que depuis peu de temps. On en extrait, année commune, 132,000 quintaux métriques de minerai qui sont fondus dans les usines de Toscane, de Ligurie, de l'Etat romain, du royaume de Naples et de l'île de Corse.

On exploite depuis quelques années une mine de fer chromaté, à *La Carrade*, près *Gassin*, département du Var.

*Mines situées dans les terrains schisteux des bords du Rhin
et dans les Ardennes.*

Les terrains de transition, qui forment, dans le N. O. de
l'Allemagne et dans la Belgique un pays de collines assez étendu,
renferment plusieurs mines célèbres de fer, de zinc, de plomb
et de cuivre. Ces dernières se trouvent sur la rive droite du
Rhin, dans les pays de Nassau et de Berg, à *Daden*, à *Augstbach*, à *Rheinbreitenbach*, et près de *Dillenbourg*. Celle de
Rheinbreitenbach a fourni autrefois 500 quintaux métriques
de cuivre par an, et celles des environs de *Dillenbourg* en
livrent annuellement environ 800. On trouve aussi quelques
mines de plomb argentifère dans les mêmes contrées. Les plus
remarquables sont dans le pays de Nassau, celles de *Holzapfel*,
de *Pfingstwiese*, de *Lœwenbourg* et d'*Augstbach*, sur la Wiede,
et d'*Ehrenthal*, sur les bords du Rhin, qui toutes ensemble
produisent annuellement 6000 quintaux métriques de plomb
et 3500 marcs d'argent; et dans le pays de Berg celles des environs de *Siegen* et de *Dillenbourg*. On exploite un peu de cobalt aux environs de *Siegen*, et on cite quelques mines de même
nature dans le grand-duché de Hesse-Darmstadt et dans le
duché de Nassau Usingen.

Mais le fer est la production la plus importante des mines
de la rive droite du Rhin. On exploite, en un grand nombre
de points de la Hesse et des pays de Nassau, de Berg, de la
Marck, de Tecklenbourg et de Siegen, des filons de fer hydraté
ou d'hématite brune, des filons ou amas de fer spathique et
des bancs de fer oxidé rouge. On remarque surtout, 1.° l'amas
énorme de fer spathique, connu sous le nom de *Stahlberg*,
exploité depuis le commencement du 14ᵉ siècle dans la montagne de *Martinshardt*, près de Müssen, où des excavations
imprévoyantes ont occasioné, à plusieurs reprises, des éboulemens considérables: 2.° les belles et abondantes mines de

fer hydraté et de fer spathique des bords de la Lahn et de la Sayn, et parmi celles-ci la mine de *Bendorf*; 3.° la mine de *Hohenkirchen*, en Hesse, où on exploite un banc puissant de minerai manganésifère, et où les travaux sont asséchés par une galerie de mille mètres de longueur muraillée dans toute son étendue, etc. Ces diverses mines alimentent un très-grand nombre d'usines à fer, célèbres par l'acier qui en sort, et par les objets de quincaillerie, les faulx, etc., qu'on y fabrique.

Les provinces prussiennes de la rive gauche du Rhin, le duché de Luxembourg et les Pays-Bas, renferment aussi beaucoup d'usines à fer, dont un grand nombre sont alimentées, en tout ou en partie, par des minerais de fer hydraté, quelquefois zincifères, extraits du terrain de transition où ils forment souvent des filons, et souvent aussi des dépôts fort irréguliers. Une partie sont exploitées à ciel ouvert, et une partie par travaux souterrains. Quelques unes de ces mines pénètrent jusqu'à 80 mètres de profondeur; on y remarque des galeries taillées en forme de voûte, et boisées avec des cerceaux. Le *Hundsrück*, l'*Eiffel* et le *pays de Luxembourg* en présentent un grand nombre.

L'*Eiffel* présentoit aussi autrefois des mines de plomb importantes. On en voit encore, mais qui sont foiblement exploitées, à *Berncastel*, à 8 lieues au-dessous de Trèves, sur les bords de la Moselle. Celles de *Trarbach*, situées deux lieues plus bas, sont maintenant complètement abandonnées. Il en est de même de celles de *Bleyalf*, qui étoient ouvertes sur des filons encaissés dans le grauwackenschiefer, à 5 lieue O. N. O. de Prüm, non loin de la ligne de séparation des eaux de la Moselle et de la Meuse, dans une contrée d'où l'industrie et l'aisance ont disparu depuis l'abandon des mines qui les avoient fait naître.

Plus au nord on trouve un grand nombre de gîtes de calamine. Le plus considérable, et celui qu'on exploite avec le plus d'activité, est situé dans le pays de *Limbourg* (royaume des Pays-Bas), et connu sous le nom de *la Grande montagne;* il présente un amas de 40 mètres de largeur, de 4 à 500 de longueur et d'une profondeur inconnue. Les premiers travaux entrepris, il y a plusieurs siècles, par les Espagnols, ont été exécutés à ciel ouvert, et poussés jusqu'à 30 mètres de la surface. On a été obligé de renoncer à ce mode de travail, et on a pénétré jusqu'à la profondeur de 80 mètres, au moyen de travaux souterrains; 50 à 60 ouvriers travaillent dans cette mine, et extraient annuellement 7 à 8,000 quintaux métriques de calamine, ayant une valeur de 70 à 80,000 fr. Dans les parties voisines du territoire prussien, non loin d'Aix-la-Cha- pelle, on exploite aussi de la calamine, avec les minerais de plomb et de fer auxquels elle est unie, dans des gîtes que M. Bouesnel regarde comme analogues au filon de Vedrin, dont nous allons parler ci-après. L'exploitation s'opère au moyen de petits puits ronds, de 30 à 40 mètres de profon- deur, qui souvent ne sont boisés qu'avec des branches flexibles ou des espèces de cercles de tonneaux : ces exploitations peuvent fournir annuellement 15 à 20,000 quintaux métriques de calamine aux fabriques de laiton de Stollberg. Sur la rive droite du Rhin, dans le comté de la Marck, plusieurs petites mines de zinc livrent annuellement environ 1300 quintaux métriques de calamine aux fabriques de laiton d'Iserlohn.

La mine de plomb de *Vedrin*, que nous venons de citer, se trouve à quelque distance au N. de Namur : elle est ouverte sur un filon de galène à peu près vertical, qui traverse du N. au S., un calcaire en couches presque verticales, probable- ment analogue au calcaire du Derbyshire. Le filon a une puis- sance de 4 à 15 pieds, il est connu sur une longueur d'une demi-lieue. La mine exploitée depuis deux siècles, présente des travaux très-étendus; on y remarque une belle galerie d'écoulement : elle a produit annuellement jusqu'à 9,000 quin- taux métriques de plomb. Aujourd'hui la mine de Vedrin, et

quelques exploitations voisines, ne donnent plus annuellement qu'environ 2,000 quintaux métriques de plomb, et 700
marcs d'argent.

Mines des montagnes calcaires de l'Angleterre.

La formation calcaire immédiatement inférieure au terrain
houiller (mountain limestone) constitue presque à elle seule
plusieurs contrées montagneuses de l'Angleterre et du pays
de Galles, dans lesquelles on remarque trois districts très-riches
en mines de plomb.

Le premier de ces districts comprend les parties supérieures
des vallées de la *Tyne*, de la *Wear* et de la *Tees*, dans les comtés
de Cumberland, de Durham et d'York. Ses mines principales
sont situées près de la petite ville d'*Alston-Moor*, en Cumberland. Les filons de galène, qui y forment l'objet des travaux,
traversent des couches alternatives de calcaire et de grès : ils
sont très-remarquables en ce qu'ils s'amincissent et s'appau-
vrissent subitement en passant du calcaire dans le grès, et
reprennent leur richesse et leur allure premières en passant
du grès dans le calcaire. Les exploitations sont situées dans les
flancs de coteaux, assez élevés, dégarnis de bois et presque entièrement couverts de bruyères marécageuses. On se débar-
rasse des eaux par des galeries d'écoulement, et on fait traîner
les minerais jusqu'au jour par des chevaux. La galène extraite
de ces mines est traitée au moyen de la houille et d'un peu de
tourbe dans des fourneaux écossois. Le plomb qu'on en retire
est très-pauvre en argent, et il n'y a guère qu'une seule usine
dans laquelle on soit dans l'usage d'extraire ce métal par la
coupellation. Les mines de ce district produisent annuellement
172,000 quintaux métriques de plomb (1). Il présente en outre

---

(1) Cette évaluation est tirée, aussi bien que les suivantes, d'une note

une mine de cuivre à 2 lieues S. O. d'Alston-Moor. Le minerai est une pyrite cuivreuse qu'on trouve accompagnée de galène dans un filon très-étendu, et qui ne paroît pas appartenir à la même formation que les autres filons de cette contrée.

Le second district métallifère est situé dans la partie septentrionale du *Derbyshire*, et dans les parties contiguës des comtés voisins. Les contrées, appelées *Peack* et *Kings-Field*, sont les plus riches en gîtes exploitables. Les mines du Derbyshire commencent à s'épuiser : elles sont très-nombreuses, et en général peu considérables ; la galène qu'on en retire est traitée à la houille dans des fourneaux à réverbère, on n'en extrait pas l'argent. Elles fournissent annuellement 9,000 quintaux métriques de plomb ; on en extrait aussi une certaine quantité de calamine et un peu de minerai de cuivre. On trouve un filon de pyrites cuivreuses à *Ecton* en Staffordshire, sur les limites du Derbyshire. Les filons du Derbyshire sont devenus célèbres par les beaux minéraux qu'ils ont produits, et surtout par l'interruption qu'ils éprouvent presque constamment à la rencontre de la roche trapéenne, appelée *Toadstone*, qui se trouve intercalée dans le calcaire.

Le troisième district métallifère est situé dans le Flintshire et le Denbigshire qui forment la partie N. E. du pays de Galles. C'est le plus productif après celui d'Alston-Moor ; il fournit annuellement 69,000 quintaux métriques de plomb, et une certaine quantité de calamine. La galène y est traitée dans des fourneaux à réverbère, et donne un plomb très-peu riche en argent qu'on soumet rarement à la coupellation. Les mines se

---

de M. John Taylor, imprimée dans la Description géologique de l'Angleterre, par MM. Philips et Conybeare. J'ai quelques raisons de croire qu'on a commis une erreur en imprimant cette note, et que les nombres cités indiquent la quantité de galène produite. La quantité de plomb seroit alors environ les deux tiers de celle énoncée. La même remarque s'applique au produit des mines de plomb du Devonshire et de Strontian.

trouvent en partie dans le calcaire métallifère, et en partie dans diverses roches plus anciennes.

Au S. E. de ce district on voit encore des mines de plomb dans le Shropshire. Elles se trouvent comme les précédentes en partie dans le calcaire métallifère, et en partie dans des roches plus anciennes. Elles livrent annuellement au commerce 7 à 8000 quintaux métriques de plomb.

On cite quelques mines de galène et de calamine dans les Mendiphills au midi de Bristol, mais il paroît qu'elles sont maintenant abandonnées.

Outre les mines métalliques que nous venons de citer, la formation du calcaire métallifère présente en Angleterre, particulièrement dans les comtés de Northumberland et de Cumberland, plusieurs mines de combustibles fossiles ouvertes sur des couches de houille que renferment des grès qui alternent avec le calcaire.

Mines de la Daourie.

On donne le nom de Daourie à une grande contrée toute montueuse, qui s'étend depuis le lac Baïkal jusqu'à l'Océan oriental. Il n'y a peut-être aucune autre contrée dans le monde aussi riche en gîtes de minerais de plomb, que la partie de ce pays qui s'étend jusqu'à la jonction des rivières *Chilca* et *Argoun*, dont la réunion forme le fleuve *Amour*, et qui appartient à la Russie. Les mines qui y sont ouvertes constituent le troisième arrondissement de mines de la Sibérie, appelé arrondissement de *Nertchinsk*, d'après le nom de sa capitale, qui se trouve à plus de 1800 lieues à l'E. de Saint-Pétersbourg.

Le sol de la partie métallifère de la Daourie est formé de granite, de hornschiefer et de schistes sur lesquels repose un calcaire gris, souvent siliceux et argileux, qui contient un petit nombre de fossiles, et dans lequel se trouvent les filons de plomb. Les plaines de ce pays, qui sont souvent des déserts salés, présentent des grès et des poudingues remarquables. On y voit aussi des roches bulleuses d'apparence volcanique. Il paroît que le calcaire métallifère est très-bouleversé, et que les filons de plomb sont sujets à beaucoup d'irrégularités qui en rendent l'exploitation incertaine et difficile. Les mines sont situées principalement près des bords de la *Chilca* et de l'*Argoun*, dans plusieurs cantons assez éloignés les uns des autres, ce qui a forcé à bâtir un assez grand nombre de fonderies. Le manque de bois a gêné pour l'établissement de quelques unes. Le minerai est de la galène dont on trouve souvent des masses de plusieurs mètres de diamètre ; elle a ordinairement pour gangues des minerais de fer et de zinc, dont on ne tire aucun parti. La galène elle-même dont ces mines donnent des quantités énormes, reçoit un emploi bien différent de celui qu'elle recevroit dans un pays civilisé. Quoique le plomb qu'elle produit ne contienne que 6 à 10 gros d'argent par quintal, c'est pour cet argent seul que les mines sont exploitées. La litharge produite par la coupellation est rejetée comme inutile ; il en existe près des fonderies, dit M. Patrin, des tas plus hauts que les maisons. On n'en réduit qu'une quantité insignifiante pour les usages du pays, ou pour celui des fonderies de l'arrondissement de Kolywan. L'argent extrait des mines de la Daourie contient une très-petite proportion d'or. M. Patrin dit que leur produit annuel vers 1784 étoit de 30 à 35 mille marcs d'argent. L'exploitation de quelques unes des mines de la Daourie remonte à la fin du dix-septième siècle. Elle avoit été commencée en quelques points par les Chinois qui n'ont été entièrement expulsés de ce pays qu'au commencement du siècle suivant. Cependant une grande partie de ces mines n'a été ouverte que depuis 1760.

Outre les mines de plomb, il existe en Daourie des mines de cuivre peu importantes, et on trouve dans diverses exploitations de cette contrée des pyrites arsenicales dont on retire de l'oxide d'arsenic dans des fabriques établies à *Jutlack* et à *Tchalbutschinsky*.

A environ 45 lieues au sud de Nertchinsk, on trouve la montagne d'*Odon-Tchelon*, célèbre par les diverses pierres gemmes qu'on en a tirées : elle est formée d'un granite friable dans lequel on trouve des boules plus dures qui renferment des topazes, et sont très-analogues à la roche de topazes de Saxe. Dans ce granite il existe plusieurs filons remplis d'une argile ferrugineuse qui contient une grande quantité de wolfram, et beaucoup d'émeraudes, d'aigue-marines, de topazes, de cristaux de quarz noirâtres, etc. On en a extrait beaucoup de ces pierres au moyen de quelques travaux très-irréguliers. La montagne de *Toutt-Kaltoui*, située près de la précédente, offre des gîtes analogues. La présence du wolfram avoit fait espérer qu'on trouveroit de l'étain dans ces montagnes; mais cette espérance n'a pas encore été réalisée. On connoît dans ce pays des gîtes non exploités d'antimoine sulfuré.

Sur quelques autres pays à mines moins connus.

Il paroit qu'il existe au Brésil, outre les lavages de sables qui produisent les diamans, les pierres précieuses, le platine et presque tout l'or de ce pays, quelques mines d'or, de plomb et de fer, ouvertes dans des terrains très-anciens; mais il n'y existe aucune mine d'argent, ce qui indique une grande différence entre les gîtes métallifères de ce pays et ceux de l'Amérique espagnole. Les mines de plomb se trouvent particulièrement dans la capitainerie de *Minas-Géraës*, canton de l'*Abaïté*. Leur exploitation a été entreprise depuis quelques années. La capitainerie de *Minas-Géraës* contient des gîtes extrêmement abondans de fer oxidulé et de fer oligiste qui constituent des couches ou d'énormes masses qui forment quelquefois des montagnes entières, ainsi que de nombreux filons d'hématite et de fer oxidé rouge. On a commencé depuis peu à les exploiter, et on a établi

des usines à fer à *Gaspar-Suarez*. Il existe aussi des mines de fer
et des usines dans la capitainerie de Saint-Paul. On connoît
une mine d'antimoine près de *Sabara*, dans la capitainerie de
Minas-Géraës.

En Afrique, les habitans des contrées voisines du cap de
Bonne-Espérance exploitent et travaillent le cuivre et le fer;
et le Congo produit des quantités considérables de ces deux
métaux. On assure qu'on trouve aussi beaucoup de cuivre en
Abyssinie. Sur les rives du Sénégal, les Maures et les Pouls
fabriquent du fer dans des forges ambulantes. Ils emploient
comme minerai les parties les plus riches d'un grès ferrugineux qui paroît être très-moderne. Enfin le royaume de
Maroc et la Barbarie paroissent renfermer beaucoup de mines
de cuivre et de fer.

Les îles de Chypre et de Négrepont dans la Méditerranée
étoient célèbres autrefois par leurs mines de cuivre. Plusieurs
îles de l'Archipel présentoient des mines d'or qui sont maintenant abandonnées. Il en est de même de celles de la Macé-
doine et de la Thrace. Les montagnes de la Servie et de l'Al-
banie contiennent des mines de fer. On connoît des mines de
plomb en Servie. La Natolie possède des mines de cuivre et
de fer aux environs de Tokat. On en trouve aussi en Arabie et
en Perse et dans les pays voisins du Caucase; le royaume d'Ime-
rette se distingue par ses mines de fer. La renommée des sabres
de Damas atteste la bonté des produits de quelques unes de
ces mines. En outre la Perse renferme des mines de plomb argentifère à *Kervan*, à quelques lieues d'Ispahan, et la Natolie
fournit de l'orpiment.

On indique quelques mines de fer et de cuivre en Tartarie.
Le Thibet passe pour être riche en mines d'or et d'argent.
La Chine produit une grande quantité de fer et de mercure,
et du laiton blanc renommé. Les mines de cuivre de cet
Empire se trouvent principalement dans la province de *Yu-
Nan*, et dans l'île Formose. Le Japon possède aussi des mines

de cuivre dans les provinces de *Kijunaek* et de *Surunga*. Il paroît qu'elles sont abondantes; car, à une époque qui n'est pas
encore très-éloignée, elles envoyoient leurs produits jusqu'en
Europe. Il présente en outre des mines de mercure. La Chine
et le Japon contiennent encore des mines d'or, d'argent, d'é-
tain, d'arsenic sulfuré rouge, etc. On cite des gîtes volumineux
d'arsenic sulfuré rouge, dans la mine d'étain de Kian-Fu en
Chine. Mais, en Chine comme en Europe, la houille est le
produit le plus important des mines. Ce combustible s'exploite surtout aux environs de *Pékin*, et dans les parties septentrionales de l'Empire.

Il existe des mines de fer dans divers points de l'Empire
des Birmans, et dans quelques parties des Indes. On tire de
quelques unes du fer spathique et du fer oxidulé. L'acier
indien, nommé *Woodz*, qui n'est connu que depuis quelque
temps en Europe, y est déjà très-recherché. Les îles de Ma-
cassar, de Bornéo et de Timor renferment des mines de cuivre.
Quant à l'étain qu'on tire de l'île de Banca, de la presque
île de Malaca, de divers autres points de l'Asie méridionale, il
provient en entier du lavage des sables. Il en est sans doute
de même de l'or que fournissent les îles Philippines, Bornéo, etc.
Il paroît cependant qu'on exploite des mines d'or et d'argent
dans l'île de Sumatra.

MINES DES TERRAINS SECONDAIRES.

Les plus importantes de toutes les mines des terrains secondaires, peut-être même de toutes les mines en général,
sont celles qui sont exploitées dans le plus ancien de ces terrains, dans le terrain houiller.

Les îles Britanniques, la France et l'Allemagne présentent
plusieurs groupes de petites montagnes primitives et de transition sur les flancs, ou dans les sinuosités desquelles il existe
des dépôts de houille, dont les principaux sont devenus de

grands centres d'industrie. *Glasgow*, *Newcastle*, *Scheffield*, *Birmingham*, *Saint-Etienne* doivent leur prospérité et leur rapide accroissement à la houille qui s'exploite à leurs portes en quantités énormes. Le *pays de Galles*, la *Belgique*, la *Silésie* et la *partie adjacente de la Galicie* doivent également à leurs importantes houillères une grande partie de leur activité, de leur richesse et de leur population. D'autres terrains houillers moins riches ou exploités sur une moins grande échelle, ont procuré à leurs habitans des avantages moins signalés, mais cependant encore très-considérables ; tels sont dans la Grande-Bretagne, le *Derbyshire*, le *Cheshire* et le *Lancashire*, le *Shropshire*, le *Warwickshire*, les environs de *Bristol*, etc., quelques parties de l'Irlande ; en France, *Litry* (département du Calvados), *Comanterie* (département de l'Allier), *Saint-Georges-Chatelaison* (département de Mayenne et Loire), *Aubin* (département du Lot), *Alais* (département du Gard), *le Creusot* (département de Saône et Loire), *Ronchamps* (département de la Haute-Saône) ; dans les provinces prussiennes de la rive gauche du Rhin, les environs de *Sarrebrück;* plusieurs points du Nord des pays de *Berg* et de *Lamarck*, du *Mansfeld*, de *la Saxe*, de *la Hongrie*, de l'*Espagne*, du *Portugal*, des *Etats-Unis*, etc.

Je n'entrerai pas dans de plus grands détails sur les mines de houille, pour ne pas répéter ce qui a été exposé à l'article Houille du Dictionnaire des Sciences naturelles, où les principales mines de ce combustible ont été citées avec l'indication de leurs produits.

La nature a déposé à côté de la houille un minerai dont la valeur intrinsèque est très-petite, mais que son abondance rend extrêmement précieux dans le voisinage d'un combustible abondant, c'est le fer carbonaté des houillères. On l'extrait en quantités énormes des terrains houillers, de l'*Ecosse*, du *Yorkshire*, du *Staffordshire*, du *Shropshire* et du *pays de Galles*. On en retire aussi beaucoup de celui de la *Silésie*, et tout fait espérer qu'il s'en ouvrira des mines abondantes près des houillères de France. Les usines à fer d'Angleterre qui sont alimentées à peu près uniquement par le fer carbonaté des houillères, et la houille, livrent annuellement à la consommation plus de 2,500,000 quintaux métriques de fonte moulée et de fer en barres dont la valeur est de 100 millions de francs, c'est-à-dire presque égale à la moitié du produit de toutes les mines de l'Amérique espagnole. Cette quantité de produits est à peu près le double de celle que livrent toutes les forges de France.

L'argile schisteuse du terrain houiller contient quelquefois une très-grande quantité de petits points pyriteux qui, en se décomposant par l'action de l'air et de la chaleur, produisent du sulfate de fer et du sulfate d'alumine, et même de l'alun qu'on en extrait par la lexiviation.

Les mines de plomb de *Bleyberg* et de *Gemünd*, près *d'Aix-la-Chapelle*, sont exploitées dans un grès que beaucoup de géologues rapportent au grès rouge. Le minerai consiste principalement en rognons de galène, disséminés dans cette roche. Il est très-abondant et d'une exploitation très-facile. Ces mines produisent annuellement 7 à 8,000 quintaux métriques de plomb, qui ne contient pas d'argent en proportion suffisante pour qu'on l'en retire avec avantage, et 20,000 quintaux métriques de minerai préparé comme alquifoux.

Nous avons dit que c'est dans un grès fort analogue au grès rouge qu'on exploite à *Chessy* le cuivre carbonaté bleu, et le cuivre oxidulé.

C'est encore dans un grès très-peu différent que se trouvent les mines de manganèse exploitées à ciel ouvert près d'*Exeter* en Angleterre.

Le terrain calcaire qui recouvre le terrain houiller et le grès rouge, et que les géologues désignent sous le nom de *zechstein*, de *calcaire magnésien* et de *calcaire alpin*, contient différens dépôts de minerais métalliques; le plus célèbre est le schiste cuivreux du *Mansfeld*, couche de schiste calcaire de quelques pouces à deux pieds d'épaisseur, qui contient des pyrites de cuivre en assez grande quantité pour donner deux centièmes du poids du minerai de cuivre argentifère. Cette couche mince se montre dans le nord de l'Allemagne sur une longueur de 80 lieues des bords de l'Elbe, aux rives du Rhin. Malgré sa foible puissance et le peu de richesse du minerai qu'elle donne, des mineurs habiles ont trouvé moyen d'y rétablir, en divers points, un grand nombre d'exploitations importantes, dont les plus considérables se trouvent dans le pays de *Mansfeld*, notamment près de *Rottenburg;* elles produisent annuellement 20,000 quintaux de cuivre, et 20,000 marcs d'argent. On doit citer aussi celles de la Hesse, situées près de *Frankenberg*, de *Bieber* et de *Riegelsdorf*. Dans ces dernières le schiste cuivreux et les couches qui l'accompagnent sont traversés par des filons de cobalt qu'on exploite par le même système de travaux souterrains que le schiste. Ces travaux sont considérables : ils s'étendent, suivant la direction de la couche, sur une longueur de 8000 mètres, et s'enfoncent jusqu'à une très-grande profondeur. On y remarque trois galeries d'écoulement, dont deux versent leurs eaux dans la Fulde, et la troisième dans la Verra. L'une d'elles se trouve à 18 mètres au-dessous du point le plus élevé des travaux. Ces mines étoient en activité dès 1530. On en cite d'analogues près de *Saalfeld* en Saxe.

Il paroît qu'on doit rapporter à la même formation le calcaire qui contient la mine de fer spathique de *Schmalkaden* au pied occidental du *Thuringerwald*, où l'on exploite depuis un temps immémorial une masse considérable de ce minerai connue sous le nom de *Sthalberg*. L'exploitation qui s'exécute de la manière la plus irrégulière, a produit des excavations énormes qui ont donné lieu à de fâcheux éboulemens. Il en sort annuellement 45 mille quintaux métriques de minerai qui alimentent un grand nombre d'usines où l'on fabrique beaucoup de fer et d'acier.

A *Tarnowitz*, à 14 lieues S. E. d'Oppeln en Silésie, le zech

stein contient dans quelques unes de ses couches des quantités considérables de galène et de calamine, et on y a ouvert des mines qui donnent annuellement 6 à 7,000 quintaux
métriques de plomb, 1000 à 1100 marcs d'argent et beaucoup de calamine. On cite des mines de plomb argentifère
à *Olkutch* et *Jaworno* en Galicie, à environ 6 lieues N. E. de
Cracovie, et 15 lieues E. N. E. de *Tarnowitz*. Leur position
semble indiquer qu'elles appartiennent à la même formation.
Il n'est pas certain que celles de *Willach* et de *Bleyberg* en
Carinthie ne s'y rapportent pas également.

On a découvert dernièrement près de *Confolens*, dans le département de la Charente, dans un calcaire secondaire, des
couches calcaires, et surtout des couches subordonnées de
quarz, qui contiennent des quantités considérables de galène.
On connoît aussi à *Figeac*, dans le département du Lot,
des dépôts de galène, de blende et de calamine dans un calcaire secondaire. A *La Voulte*, sur les bords du Rhône, on
exploite dans les assises inférieures des calcaires qui constituent
une grande partie du département de l'Ardèche, une couche
puissante de minerai de fer.

C'est dans le zechstein ou dans des grès et des roches trapéennes presque du même âge que sont exploités les quatre
grands dépôts de mercure sulfuré d'*Idria*, du *Palatinat*, d'*Almaden* et de *Huancavelica*.

Les terrains qui séparent le zechstein du *calcaire à gryphites*
ou *Lias* (*Bunter-Sandstein*, *Muschelkalk* et *Quadersandstein* en
Allemagne; *New Red Sandstone* et *Red Marl* en Angleterre)
n'offrent guère d'autres mines importantes que celles de sel
gemme. Cette substance nécessaire à la vie, trouvant un dé-
bouché partout où il existe des hommes, est exploitée non
seulement au centre de l'Europe, dans le *Cheshire*, à *Vic*, à
Wieliczka et *Bochnia*, dans le *pays de Saltzbourg*, etc., mais encore
en un grand nombre de points des deux continens. On ne
doit cependant pas oublier les mines de combustibles fossiles

ouvertes dans le *Quadersandstein*. On en voit plusieurs, dans le pays de *Buckeburg*, non loin d'Osnabruck, en Westphalie. à l'est de *Spitelstein*, dans le pays de Coburg, et en quelques points du S. O. de l'Allemagne ; peut-être enfin, doit-on rapporter à la même formation ou bien à la partie supérieure du Muschelkalk les mines de lignite, exploitées à *Morhange*, département de la Meurthe, et en quelques points du département de la Moselle.

Le *Lias* ou *calcaire à gryphites* contient des lignites souvent très-pyriteux qu'on exploite en quelques points, et particulièrement à *Withy* et à *Grisborough* dans le Yorkshire, pour en retirer du sulfate de fer et de l'alun.

Le calcaire oolitique contient des couches de minerai de fer, qui sont exploitées en quelques points de la France. Dans presque toutes les contrées dont cette formation constitue le sol, on exploite un grand nombre de gîtes de minerais de fer, déposés dans des cavités assez irrégulières, et souvent très-profondes du calcaire. On en voit des exemples célèbres à *Rope* et à *Chetenois*, près Belfort (Haut-Rhin), en plusieurs points du département de la Haute-Saône ; à *Poisson* (Haute Marne), à *Aumetz* et à *Saint-Pancré* (Moselle), en divers points du duché de Luxembourg et du royaume des Pays-Bas, etc. Les gîtes de cette nature sont beaucoup trop nombreux pour que nous puissions les citer tous dans cet article. On les a souvent qualifiés de dépôts d'alluvion ; mais il paroit que cette dénomination n'est pas entièrement exacte.

Les assises les plus anciennes des grès et sables inférieurs à la craie (*iron-sand*) sont souvent très-fortement imprégnées d'oxide de fer, et quelquefois au point de devenir exploitables.

Les premières assises de la craie contiennent des pyrites de fer, qui sont devenues l'objet d'une exploitation importante à *Vissant*, sur le rivage méridional du Pas-de-Calais, où on les convertit en sulfate de fer. Les vagues les arrachent de leur gîte, et les coulent sur le rivage où on les ramasse.

Si la craie est pauvre en substances utiles, il n'en est pas de même de l'argile plastique ; elle contient des mines importantes. On y exploite de nombreuses couches de lignite , soit comme combustible , soit comme terre vitriolique. Il seroit superflu de citer ici les mines de lignite. On en voit sur presque tous les gîtes connus de ce combustible, qui ont été énumérés avec le plus grand soin dans l'article qui lui est consacré dans le Dictionnaire des Sciences naturelles. C'est des gîtes de lignites que vient l'ambre jaune ou succin.

Les autres terrains tertiaires ne présentent guère que quelques mines de fer et de bitume.

Divers terrains secondaires ou tertiaires contiennent des dépôts de soufre qui sont exploités dans diverses contrées.

Les terrains d'origine décidément volcanique présentent peu d'exploitations ; on n'y cite que quelques mines de soufre, d'alun et d'opales.

MINES DES TERRAINS MEUBLES DITS D'ALLUVION.

Ces terrains contiennent des mines très-importantes, puisque c'est d'eux qu'on extrait tous les diamans et presque toutes les pierres précieuses, le platine et la plus grande partie de l'or, enfin une partie considérable de l'étain et du fer. Les mines de diamans se trouvent à peu près uniquement au *Brésil* et dans les royaumes de *Golconde* et de *Visapour*, aux Indes orientales : elles ont été décrites , ainsi que les mines des autres pierres précieuses, dans les articles du Dictionnaire des Sciences naturelles consacrés à ces divers minéraux. On trouvera aussi, à l'article OR du même Dictionnaire, l'indication de divers points du globe où l'on retire ce métal par lavage des sables qui le contiennent. Nous nous bornerons à rappeler que les principaux sont : les côtes occidentales de la Nouvelle-Grenade, du Chili et de la province de Sonora, dans le nord du Mexique ; la haute vallée du fleuve des Amazones : les capitaineries de Minas-Géraës, de Saint-Paul et de Rio-Janéiro, au Brésil; plusieurs parties des côtes et de l'intérieur de l'Afrique; l'ile de Madagascar; l'île de Ceilan; les îles Laquedives, de la Sonde, Philippines et quelques autres iles et côtes du S. E. de l'Asie; enfin les sables d'un grand nombre de rivières de toutes les parties du monde. Le platine se trouve avec l'or, à la Nouvelle-Grenade et au Brésil; l'étain est extrait des sables du Cornouailles, de la Saxe, de quelques points des Cordilières de l'Amérique espagnole que nous avons cités plus haut, et surtout de ceux de l'ile de Banca, de la presqu'ile de Malaca, des royaumes de Pégu et de Siam, de l'ile de Ceilan et de quelques autres points de l'Asie méridionale. Quant aux mines de fer d'alluvion, elles sont tellement nombreuses, qu'on ne doit pas s'attendre à en trouver une énumération complète dans cet ouvrage. Un grand nombre ont été citées à l'article FER du Dictionnaire : nous nous bornerons ici à rappeler qu'elles sont principalement situées en France, en Allemagne, dans la Dalécarlie, dans le voisinage des monts Oural, et aux Etats-Unis.

C'est aussi à cette classe de terrains que doit se rapporter la *tourbe*. On indiquera dans le même livre au mot TOURBE les lieux où elle s'exploite, ainsi que la manière dont se fait cette exploitation.

Avant de finir la partie statistique de cet opuscule, nous ferons remarquer que la distribution des mines sur la surface du globe n'est pas uniquement déterminée par la position des gîtes de minerais qui pour la plupart ne peuvent devenir profitables qu'à une population déjà nombreuse, industrieuse et riche. La mer qui reçoit les eaux de la Seine, de la Tamise et du Rhin, est devenue, depuis près de deux siècles, le centre du commerce de l'Europe, et peut passer pour celui du monde civilisé. Les diverses mines qui appartiennent aux peuples placés dans la dépendance commerciale de l'Europe sont disposées autour de ce centre avec une sorte de symétrie qui montre qu'une civilisation avancée peut seule fournir, à la plupart des mines, des moyens et des débouchés suffisans. On va chercher à plusieurs milliers de lieues les diamans, les pierres précieuses, l'or, le platine, l'argent, et même le cuivre et l'étain ; mais c'est presque uniquement dans quelques points des parties les plus civilisées de l'Europe qu'on exploite les substances dont la valeur intrinsèque est peu considérable. L'exploitation de ces substances a, à son tour, puissamment contribué au développement de l'industrie européenne, et produit à l'Europe plus de richesses que l'or et les pierreries n'en ont jamais procuré à aucun pays.

PARTIE SCIENTIFIQUE.

L'utilité des mines ne se borne pas uniquement à extraire du sein de la terre des substances utiles. Semblables en cela à la navigation, elles ont contribué à faire naître et à étendre les sciences qui leur servent de guides, et ces sciences, loin de s'arrêter aux résultats pratiques qu'on avoit d'abord en vue, ont agrandi le domaine de l'esprit humain, auquel elles ont dévoilé plusieurs des points les plus importans de la constitution et de la marche de l'univers. C'est dans les mines que la *minéralogie* et la *géologie* ont pris naissance. Les noms scientifiques de beaucoup de minéraux, de roches et de masses minérales, sont empruntés au langage des mineurs allemands. *Werner* étoit mineur, et professoit dans une *Ecole des mines ;* c'est à des mineurs que *Dolomieu* et *Haüy* ont fait leurs savantes leçons.

Une grande partie des minéraux qu'on voit dans les collections sont tirés des mines, et si les filons métallifères n'étoient pas exploités, plusieurs des espèces minérales les plus répandues, et un nombre beaucoup plus grand de sous-espèces et de variétés, seroient ou extrêmement rares, ou très-imparfaitement connues.

Beaucoup de lieux et de pays, devenus célèbres parmi les minéralogistes, par le grand nombre ou la beauté des minéraux qu'ils leur ont fournis, doivent uniquement cette célébrité aux mines qui y sont exploitées. Tels sont *le Cornouailles*, *le Derbyshire*, *Alston-Moor*, *Sainte-Marie-aux-Mines*, *la Souabe*, *la Saxe*, *le Hartz*, *Arendal*, *l'île d'Utoë*, *les monts Oural*, *les monts Altaï*, *la Daourie*, etc. etc. On ne doit pas oublier cependant qu'il y a des exemples célèbres du contraire, tels que le *Saint-Gothard*, la *Somma*, et un grand nombre de gissemens de roches volcaniques ou trapéennes, etc.

Nous devons encore aux travaux des mines un grand nombre de débris fossiles d'êtres organisés, particulièrement de végétaux et de poissons.

C'est principalement par l'exploitation des mines et quelquefois même par le résultat des travaux métallurgiques que nous connoissons la concomitance habituelle de certaines substances qui sont analogues l'une à l'autre par une certaine classe de leurs propriétés physiques et chimiques, telles, par exemple, que le wolfram et l'étain oxidé, le plomb et l'argent, etc.; genre d'observation si utile pour mettre sur la voie des gissemens de celles de ces substances qui ont de la valeur, et qui servira peut-être un jour à faire deviner le mode de dépôt des unes et des autres, en indiquant quelles sont celles de leurs propriétés qui ont dû être mises en jeu dans cette opération de la nature.

Ce sont les mineurs qui ont découvert les lois de la disposition des substances minérales qui constituent les masses des filons, lois qui ont conduit à des conséquences si remarquables sur la manière dont ces masses ont pu se former.

Les filons, avant d'être remplis des substances que le mineur va y chercher, ont été des fentes qui, pénétrant l'écorce du globe jusqu'à une profondeur dont la limite nous est inconnue, ont établi une communication entre des masses placées à une grande distance perpendiculaire. L'étude des matières qui sont venues remplir ces fentes, ne peut manquer de jeter quelques lumières sur l'état physique dans lequel se trouvoient alors et les masses qu'elles traversent, et celles dans lesquelles elles se terminent : cette étude ne peut se faire que dans les mines.

Les exploitations de mines sont encore très-utiles à la science, en constatant la forme des dépôts sur lesquels elles sont ouvertes. Ce sont elles qui ont fait connoître la forme générale des filons, les lois de leur parallélisme, de leurs intersections, de leurs rejets, etc. Les travaux des mines ont pu seuls permettre d'observer les phénomènes remarquables que présentent les couches de houille dans leur étendue, leur uniformité, leurs failles, leurs plis, etc. Mais ce n'est guère que sur les plans fidèles qu'on tient des exploitations à mesure qu'elles avancent, qu'on peut suivre ces phénomènes dans leur ensemble. Dans la plupart des mines, les seuls espaces abordables, sont des puits, des galeries et des tailles peu étendues. Il n'y a qu'un petit nombre d'exploitations, telles que celles de sel gemme, certaines mines de houille, et un petit nombre de mines ouvertes sur des couches, amas ou filons métalliques, qui présentent des exemples du contraire.

Si la forme des excavations des mines qui sont, pour la plupart, de longs canaux, l'impureté de l'air qui les remplit, la boue qui en couvre les parois, les boisages et les décombres qui les masquent, gênent l'observateur, et restreignent beaucoup ses recherches, il suffit qu'elles lui ouvrent un chemin dans l'intérieur de notre globe, pour qu'elles lui offrent un théâtre précieux d'observations. C'est là qu'il peut observer la quantité, la température et le degré variable de pureté des eaux qui circulent dans diverses directions dans les fissures du terrain. C'est là surtout qu'il peut mesurer la température propre des roches, à diverses distances de la surface du sol.

Ce dernier genre d'observations a commencé à fixer l'attention des physiciens dans la dernière moitié du 18e siècle,

Guellard et *De Luc* publièrent quelques températures prises, par le premier, dans les mines de *VVieliczka*, et par le second, dans celles du *Hartz*; mais il ne paroît pas qu'ils aient mis dans leurs observations la précision convenable. *Gensanne*, directeur des mines de *Giromagny*, fit connoître que la température y augmente rapidement à mesure qu'on s'éloigne de la surface. *Saussure* dirigea souvent son attention sur la température propre à l'intérieur des montagnes : dans un de ses voyages il observa, avec la précision qui le caractérise, celle de divers points d'un puits des travaux souterrains de *Bex*, et remarqua une augmentation analogue.

M. *de Humboldt*, dont le nom se rattache à toutes les questions importantes que présente l'histoire de notre globe, fit, dès 1791, de concert avec M. *Freisleben*, un grand nombre d'observations sur la température des mines de *Freyberg*; quelques années plus tard il les renouvela dans les mines du *Fichtelgebirge* dont il étoit directeur, mais on doit surtout citer celles qu'il fit pendant son voyage en Amérique, qui lui fournit l'occasion de visiter un très-grand nombre de mines souvent très-profondes, situées à des latitudes diverses et très-différentes de celles des mines de l'Europe, et ouvertes dans des masses de terrain dont la surface se trouve à des hauteurs très-variables, et le plus souvent très-grandes, au-dessus de l'Océan.

M. *d'Aubuisson* a fait aussi avec un soin particulier un grand nombre d'observations sur la température des mines, particulièrement en 1802, sur celle des mines de *Freyberg*, et quelques années plus tard, sur celle des mines de *Poullaouen*.

En 1805, après la publication des expériences de M. d'Aubuisson, le directeur-général des mines de Saxe fit placer des thermomètres, à poste fixe, dans la mine de *Beschertglück* à Freyberg, et dans celle d'*Alte Hoffnung Gottes*, à deux lieues au nord de cette ville. Ces thermomètres étoient dans des niches pratiquées à cet effet dans la roche et derrière des vitres; observés trois fois le jour, durant l'espace de deux ans, ils ont toujours marqué le même degré sans la moindre variation. La température moyenne de la surface paroît être de 7 à 8° centigrades.

A *Beschertglück*, on a trouvé:

à 180ᵐ .... 11°, 2 centigr.
260 .... 15 , 0

A *Alle Hoffnung Gottes*:

à 75ᵐ .... 9°, 0 centigr.
170 .... 12, 8
270 .... 15, 0
330 .... 18, 7

M. *Robert Bald* a mesuré, il y a peu d'années, les températures des nombreuses mines de houille du nord de l'Angleterre.

Mais il n'est aucun pays dans lequel on ait autant multiplié les observations de ce genre, qu'on l'a fait depuis 1815 en Cornouailles: ces dernières observations sont dues à différentes personnes, et particulièrement à M. *Fox*, qui les a recueillies et publiées.

Nous ne pouvons, dans un ouvrage tel que celui-ci, rapporter toutes les observations que nous venons d'indiquer; nous nous bornerons à dire que, quoique faites par des personnes et à des époques différentes, suivant des méthodes diverses, et dans les circonstances les plus dissemblables, elles s'accordent à indiquer que la température des mines augmente avec leur profondeur; cette augmentation est généralement d'un degré centigrade pour 30 à 50 mètres de profondeur, mais elle ne paroît pas être la même dans toutes les mines, même dans celles d'une même contrée. M. *Fox* a en outre observé que le thermomètre enfoncé dans les filons metalliques du Cornouailles, indiquoit

généralement une température de 1 à 2°,5 centigrades supérieure à celle qu'on obtenoit quand le thermomètre étoit
plongé dans un trou creusé dans une roche, et particulièrement dans le granite. Les filons d'étain sont ordinairement un
peu plus froids que les filons de cuivre.

On a soutenu, on soutient même encore que les températures
élevées qu'on a observées dans les mines, ne sauroient être regar-
dées comme propres aux roches ou aux filons, dans lesquels elles
sont ouvertes, mais doivent être attribuées à des causes acci-
dentelles, telles qu'une action chimique exercée par l'air ou
l'eau sur certains minéraux, par exemple les pyrites, la chaleur dégagée par les ouvriers, par les lumières et par la combustion de la poudre, enfin la compression qu'éprouve l'air en
descendant dans le fond des exploitations; mais il paroît que si
ces diverses causes contribuent quelquefois aux effets observés,
ils n'en produisent le plus souvent qu'une foible portion.
Plusieurs des personnes qui ont fait les observations citées,
ont eu soin de remarquer que dans les mines où elles avoient
opéré on n'aperçoit aucun changement chimique dans
les substances minérales qui puisse y occasionner quelque
élévation particulière de température. De tous côtés on n'y
voit que des masses inertes et froides. Si les minerais de
ces mines avoient eu la propriété de s'échauffer dans la mine
même, ils auroient dû le faire plus encore lorsqu'après leur
extraction ils se trouvoient exposés à la surface du sol, à l'action de l'air et de l'eau, effet qui ne s'observoit pas. En outre,
toute action chimique de l'air ou de l'eau sur les minerais,
produiroit des sels qui se dissoudroient dans l'eau; or, aux
mines du Cornouailles, on a analysé des eaux qui marquoient
une très-haute température, et on n'y a trouvé que des traces
presque insensibles des sels à la formation desquels l'élévation de la température pourroit être attribuée. Enfin on ne
conçoit pas comment une action chimique, qui pourroit
avoir également lieu partout, échaufferoit toujours les

diverses parties des mines en raison de leur distance à la surface.

Cette dernière considération s'oppose également à ce qu'on attribue la température élevée des mines à la présence des ouvriers, des lumières et à la combustion de la poudre, puisque ces diverses causes de chaleur, loin de se trouver constamment distribuées suivant une progression croissante avec la profondeur, se trouvent souvent presque toutes réunies en un seul point situé, soit au milieu de la profondeur, soit même à peu de distance de la surface. Voici d'ailleurs des observations qui prouvent directement que ces causes d'élévation de température ne produisent que de très-petits effets.

M. *d'Aubuisson* a comparé dans la mine de *Junghohebirke*, près de *Freyberg*, les températures de deux galeries toutes pareilles et situées au même niveau, mais dans l'une desquelles une vingtaine de mineurs travailloient continuellement, tandis que dans l'autre il n'y en avoit aucun. Les eaux qui provenoient de ces deux galeries étoient à la même température, à un demi-degré près. Au fond de la mine de *Treskirby* en Cornouailles, à 840 pieds anglois de profondeur, la température, deux jours après le départ des ouvriers, étoit de 24°,0 cent., comme pendant leur présence. Un thermomètre enterré de quelques pouces dans le sol au fond de la plus profonde galerie de la mine de *Dolcoath*, à 1380 pieds anglois de la surface, a toujours marqué pendant huit mois consécutifs 24°,2 cent. Durant tout cet espace de temps, les ouvriers n'ont jamais travaillé qu'à une grande distance du lieu où se trouvoit le thermomètre. On a fait dans le même sens beaucoup d'autres observations qu'il seroit trop long de rapporter.

Mais en voici une qui paroît mériter une attention particulière : les eaux extraites des diverses mines de la partie du Cornouailles, qui renferme le plus de grandes exploitations, sont réunies dans divers petits canaux qui aboutissent à un grand canal de décharge. Dans l'un de ces derniers qui reçoit les eaux de plusieurs mines dont la profondeur moyenne est de 150 à 160 *fathoms* ou brasses, la température de l'eau à une demi-lieue des mines est de 23°,0 centig. Dans un autre les eaux réunies de plusieurs mines dont la profondeur est de 110 à 170 fathoms, ont à la distance de $\frac{1}{3}$ de lieue des mines principales une température de +19°,2. Enfin dans un troisième, les eaux réunies de plusieurs autres mines dont la profondeur moyenne est de 100 à 110 fathoms, ont une température de +18°,3. Le grand canal qui reçoit toutes ces eaux, en verse au-dessus de la vallée de Carnon 1400 pieds cubes par minute, ou environ 60,000 tonnes par jour; la température de cette eau, au moment où elle sort des mines, se trouve généralement à plus de 10 degrés au-dessus des sources qui coulent à la surface. Or, comment quelques milliers, tout au plus, d'ouvriers qui travaillent dans ces mines pourroient-ils même avec le secours de leurs lumières et de la poudre qu'ils brûlent élever chaque jour de plus de 10° la température de 60,000 tonnes d'eau; et comment se feroit-il qu'ils échauffassent d'autant plus cette eau, que la profondeur des mines seroit plus grande?

Quant à la chaleur que l'air dégage en vertu de la compression qu'il éprouve dans les mines profondes, elle ne peut jamais produire un effet bien sensible. Si l'air se comprime et s'échauffe en descendant, il se dilate, il se refroidit et absorbe de la chaleur en remontant, et finit par sortir à la température des roches qui avoisinent l'orifice du canal de sortie. Il est aisé de voir qu'au bout d'un an l'air qui est sorti d'une mine a emporté au moins autant de calorique que celui qui y est entré en a apporté, et par conséquent n'a pu élever la température moyenne des excavations.

Les observations faites sur la température des mines se trouvent confirmées par d'autres qui ne paroissent pas sujettes aux causes d'erreur que nous venons de discuter. Le thermomètre placé dans les caves de l'Observatoire, à 28 mètres au-dessous de la surface du sol, marque constamment une température supérieure de près d'un degré à la température moyenne de Paris. On a creusé à *Southwark*, faubourg de Londres, un puits de 43 mètres de profondeur, du fond duquel a jailli une source qui l'a bientôt rempli presque jusqu'au haut, et dont l'eau s'est trouvée être à 12°2 degrés centigrades, c'est-à-dire à plus de 2° au-dessus de la température moyenne de Londres.

Il paroît donc difficile, dans l'état actuel des observations, de douter de ce fait général, que la température des roches qui composent l'écorce du globe, augmente, suivant une progression assez rapide, avec la distance du point qu'elles occupent à la surface du sol. Mais ce n'est là que le premier pas dans une carrière qui promet aux observateurs une foule de résultats d'un grand intérêt. Il est à désirer qu'on multiplie assez les observations précises pour arriver à dresser une échelle de l'augmentation des températures dans chaque espèce de roches, et dans chacune des espèces de filons qu'on peut y rencontrer. Ce n'est qu'alors qu'on pourra parvenir à toutes les conséquences que les perfectionnemens donnés de nos jours aux méthodes d'analyse applicables à ces questions, nous mettroient en état de déduire.

On peut procéder de différentes manières à la détermination de la température des mines. On peut observer, 1.° la température de l'air des excavations; 2.° celle des eaux qui sortent du rocher; 3.° celle des eaux stagnantes; 4.° celle des roches elles-mêmes, au moyen d'un thermomètre qu'on y enfonce pendant quelques instans; 5.° enfin observer d'une manière suivie cette même température, au moyen de thermomètres fixés dans des cavités du rocher derrière des vitres.

La première méthode paroît être la plus imparfaite. La température de l'air qui parcourt les travaux, participe toujours, plus ou moins, de celle qu'avoit cet air en entrant dans la mine, et de celle de tous les points qu'il a traversés avant d'arriver à celui où l'on observe. Elle est en outre continuellement altérée par les condensations et les dilatations que l'air éprouve en descendant et en montant, et par la respiration des ouvriers et la combustion des lumières. Mais si l'on choisit pour les observations un point où le courant d'air soit insensible depuis quelque temps, et où il n'y ait ni ouvriers ni lumières, ces causes d'erreur disparoissent, et la méthode dont nous parlons peut être appliquée avec succès.

On conçoit qu'un filet d'eau qui circule dans les fissures des rochers, prend assez vite leur température, et s'il suit une ligne à peu près horizontale, il est très-propre à donner la température des roches dont il sort; mais s'il suit une ligne très-inclinée, il doit en chaque point participer à la fois à la température des roches dans lesquelles il se trouve et des roches qu'il vient de traverser, et change même à la longue la température de tous les points du canal qu'il parcourt. Ce cas se présente fréquemment dans les mines où les eaux qui filtrent dans les travaux inférieurs viennent souvent de points voisins de la surface, et indiquent par conséquent une température inférieure à celle des roches, des fissures desquelles elles s'échappent; elles peuvent aussi, par des raisons contraires, indiquer une température trop élevée.

Les eaux stagnantes paroissent très-propres à donner la température des roches dans lesquelles elles se trouvent, surtout lorsqu'elles sont assez profondes pour que la température des courans d'air ne puisse les affecter sensiblement. Mais lorsque leur profondeur devient très-grande, lorsque, par exemple, elles remplissent jusqu'à une hauteur considérable un filon exploité, on peut craindre que la température de leur surface ne soit un peu plus élevée que celle des roches qui se trouvent à cette hauteur.

La méthode qui consiste à prendre la température des roches elles-mêmes, au moyen d'un thermomètre qu'on enfonce dans le sol ou les parois des galeries, est très-bonne lorsque la température des portions de roches sur lesquelles on opère n'est pas exposée à être altérée par des courans d'eau ou d'air.

Mais la 5e et dernière méthode paroît être préférable à toutes les autres, pourvu que la niche dans laquelle le thermomètre est placé se trouve loin des travaux dans une masse de roches dont la température ne puisse être altérée par aucune cause constante.

Les mines présentent les emplacemens les plus convenables pour exécuter certaines expériences de physique. Nous nous bornerons à en citer un seul exemple.

Les plus hautes tours n'ont qu'une hauteur de 150 mètres; un puits vertical de 3 à 400 mètres, dont on rendroit l'air parfaitement tranquille, en fermant les galeries qui y aboutissent, seroit plus favorable qu'aucune tour pour faire des expériences sur la chute des corps dans l'air, et sur leur déviation de la verticale.

FIN.

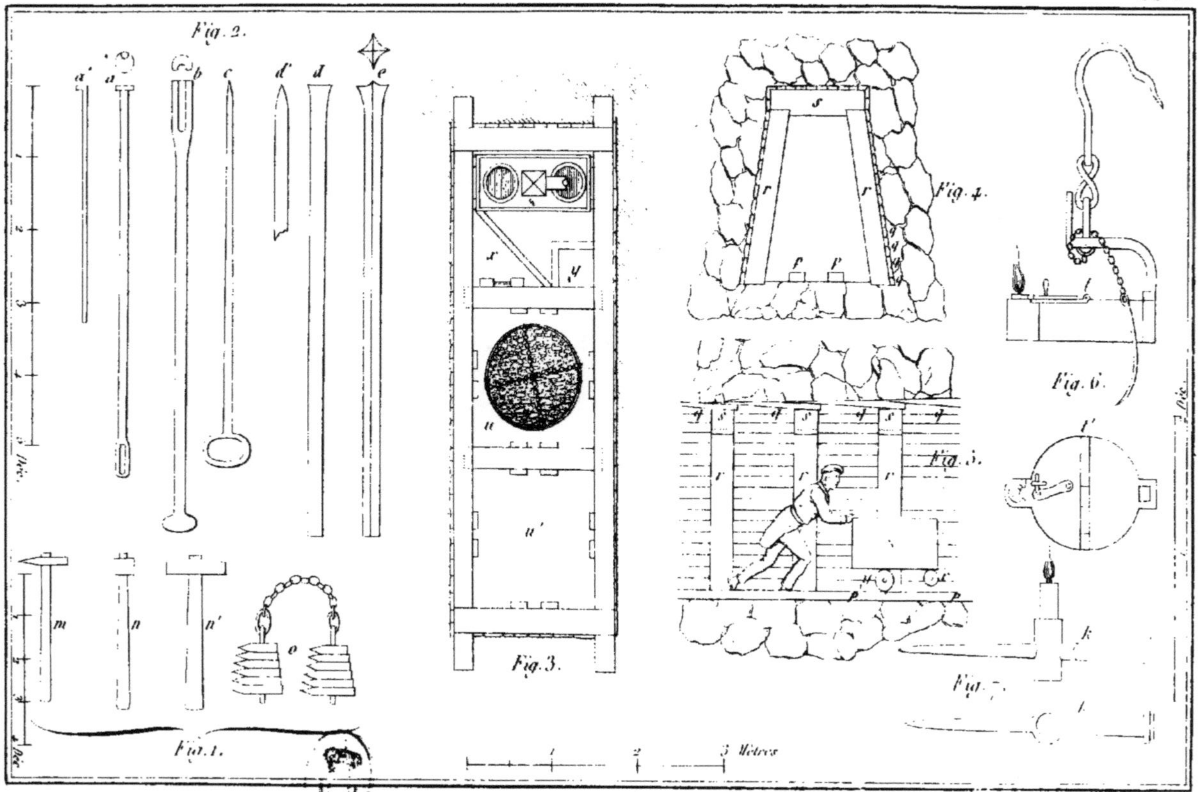

Gravé par Adam.

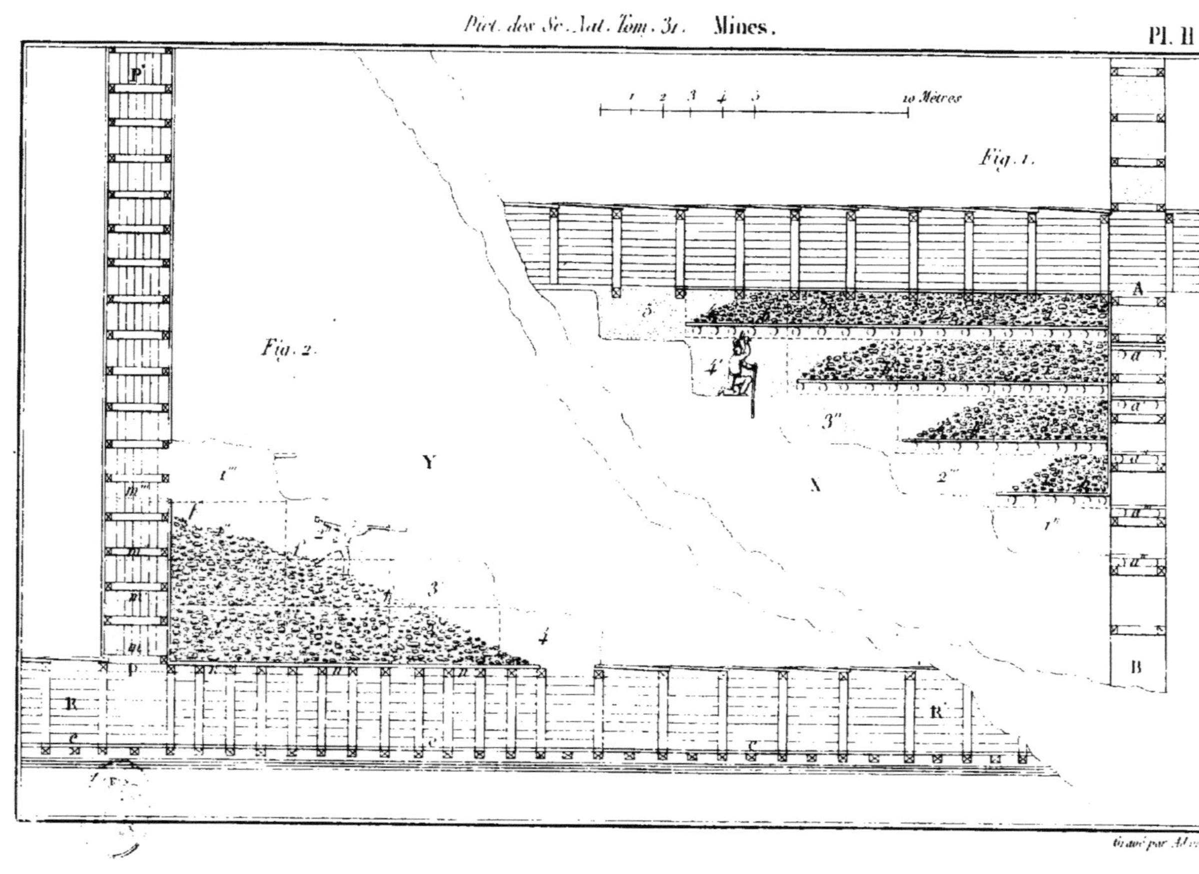
Fig. 1.
10 Mètres
Fig. 2.
A
B
P
R
R
Y
C
Gravé par Adam.

LES OUVRAGES SUIVANS SE TROUVENT A LA MÊME LIBRAIRIE.

CONSIDÉRATIONS GÉNÉRALES SUR L'ANALYSE ORGANIQUE ET SUR SES APPLICATIONS, par M. E. Chevreul ; 1 vol. in-8°. Prix..... 5 fr.

RECHERCHES CHIMIQUES SUR LES CORPS GRAS D'ORIGINE ANIMALE, par M. E. Chevreul ; 1 vol. in-8°........................ 7 fr.

INSTRUCTION SUR LES PARATONNERRES, *adoptée par l'Académie royale des sciences, et réimprimée avec autorisation de S. Exc. le ministre de l'intérieur*; 1 vol. in-8°, avec deux planches............ 2 fr.

Les accidens causés l'année dernière par la chute de la foudre sur plusieurs églises ayant déterminé S. Exc. le ministre de l'intérieur à réaliser le projet de garnir ces édifices de paratonnerres, elle a invité l'Académie royale des sciences à rédiger une *instruction dans le but principal de diriger les ouvriers dans la construction et la pose des paratonnerres*. La section de physique a été chargée par l'Académie du soin de faire ce travail, qui a été adopté le 25 juin 1823, et dont le ministre a bien voulu autoriser la réimpression. L'instruction est divisée en deux parties, dont la première, théorique, a pour objet les *principes relatifs à l'action de la foudre ou de la matière électrique et à celle des paratonnerres*, tandis que la seconde partie, entièrement pratique, contient *tous les détails relatifs à la construction de ces appareils*. Après cet aperçu, il seroit superflu d'insister sur l'utilité de cet ouvrage, qui est une sorte de manuel clair et précis, indispensable à tous les entrepreneurs et propriétaires de bâtimens; et l'on se borne à ajouter que l'instruction porte les noms de MM. *Poisson, Lefevre-Gineau, Girard, Dulong, Fresnel*, et *Gay-Lussac*, rapporteur.

TRAITÉ DE GÉOGNOSIE, ou Exposé des connoissances actuelles sur la constitution physique et minérale du globe terrestre, par J.-F. d'Aubuisson de Voisins; 2 vol. in-8°, avec deux planches, dont une coloriée.. 16 fr.

DESCRIPTION GÉOGNOSTIQUE DES ENVIRONS DU PUY-EN-VELAY, *et particulièrement du bassin au milieu duquel cette ville est située*; par J.-M. Bertrand-Roux; 1 vol. in-8°, avec une carte coloriée et deux planches... 8 fr.

ESSAI SUR LA CONSTITUTION GÉOGNOSTIQUE DES PYRÉNÉES, par J. de Charpentier, directeur des mines du canton de Vaud, membre de la Société helvétique des sciences naturelles; des Sociétés des Sciences de Lausanne, de Marbourg et de Dresde; membre honoraire de celles de Hanau, de Breslau et de Leipsick; correspondant de l'Académie royale des sciences, inscriptions et belles-lettres de Toulouse, et des Sociétés philomathique et d'histoire naturelle de Paris, etc.; ouvrage couronné par l'Institut royal de France, avec une planche et une carte géognostique des Pyrénées.................. 13 fr.

ESSAI GÉOGNOSTISQUE SUR LE GISSEMENT DES ROCHES DANS LES DEUX HÉMISPHÈRES, par A. de Humboldt; 1 vol. in-8°.......... 7 fr.

Ce nouvel ouvrage de M. A. de Humboldt, inséré dans le Dictionnaire des Sciences naturelles, n'a été tiré qu'à un petit nombre d'exemplaires.

Histoire naturelle des crustacés fossiles sous les rapports zoologique et géologique ; savoir : les *trilobites*, par A. Brongniart ; et les *crustacés proprement dits*, par A. G. Desmarest ; 1 vol. in-4°. 15 fr.

Ce volume est nécessaire surtout aux possesseurs du grand ouvrage de M. Cuvier sur les *Ossemens fossiles*, cet auteur n'ayant pas traité dans son livre, des *Crustacés fossiles*. Le travail de MM. Brongniart et Desmarest forme donc, en quelque sorte, un volume supplémentaire aux recherches de M. Cuvier ; et c'est par cette considération qu'il a été imprimé dans le même format, et avec les mêmes caractères et papier que l'ouvrage de ce célèbre naturaliste.

Mémoire sur les terrains de sédiment supérieurs calcareo-trappéens du Vicentin, et sur quelques terrains d'Italie, de France, d'Allemagne, etc., qui peuvent se rapporter à la même époque, et qui présentent quelques particularités ; par A. Brongniart, membre de l'Académie royale des sciences, ingénieur en chef au corps royal des mines, professeur de minéralogie au Jardin du Roi, etc. ; 1 vol. in-4°, avec six planches................................... 7 fr. 50 c.

Minéralogie appliquée aux arts, ou Histoire des minéraux qui sont employés dans l'agriculture, l'économie domestique, la médecine, la fabrication des sels, des combustibles et des métaux, l'architecture et la décoration, la peinture et le dessin, les arts mécaniques, la bijouterie et la joaillerie : ouvrage destiné aux artistes, fabricans et entrepreneurs, par V. P. Brard, ancien directeur des mines ; 3 vol. in-8°, avec quinze planches............................ 21 fr.

Flore de Virgile, ou Nomenclature méthodique et critique des plantes, fruits et produits végétaux mentionnés dans les ouvrages du prince des poëtes latins, par A. L. A. Fée.................. 6 fr.

Mémoires de la Société d'Histoire naturelle de Paris, un vol. in-4° avec planches, 1re partie............................ 10 fr.

Mémoire aptérologique, par J. Frédéric Hermann, docteur en médecine, membre de la Société d'Histoire naturelle de Paris, publié par F.-L. Hammer, avec neuf planches coloriées ; un vol. in-fol., 1804.. 30 fr.

Histoire et Description du Museum royal d'Histoire naturelle, ouvrage rédigé d'après les ordres de l'administration du Muséum, par M. Deleuze, avec trois plans et quatorze vues des jardins, des galeries et de la ménagerie ; 2 vol. grand in-8°............ 21 fr.

Monographia Tenthredinetarum, synonymia extricata, auctore Am. Lepelletier de Saint-Fargeau, Societatis parisiensis Historiæ naturalis membro ; 1 vol. in-8°............................. 5 fr.

Cet ouvrage semble devoir mériter l'attention des entomologistes, non seulement par le grand nombre des espèces qui y sont décrites, mais encore par le soin apporté aux descriptions, qui sont toutes complètes et disposées dans un ordre régulier pour que la comparaison soit plus facile. L'auteur, en rapportant toute la synonymie connue, évite également beaucoup de travail à ceux qui le suivront dans la même carrière. Il publiera successivement les monographies de tous les genres linnéens de la classe des hyménoptères. Celle du G. Apis paroîtra bientôt.

www.ingramcontent.com/pod-product-compliance
Ingram Content Group UK Ltd.
Pitfield, Milton Keynes, MK11 3LW, UK
UKHW022027170726
13837UKWH00001B/443